D1734108

PSYCHOLOGIA UNIVERSALIS BAND 31

Herausgegeben von
Eberhard Bay, Willy Hellpach†, Wolfgang Metzger
und Wilhelm Witte

Kategorialleistungen von Haustauben

Ein vergleichend - experimenteller Beitrag
zur Genese und Dynamik von Bezugssystemen

Barbara Zoeke

1975

Verlag Anton Hain · Meisenheim am Glan

© 1975 Verlag Anton Hain KG – Meisenheim am Glan
Herstellung: Verlag Anton Hain KG – Meisenheim am Glan
Printed in Germany
ISBN 3-445-01200-8

Vorwort

Die vorliegende Untersuchung knüpft an der Frage an, ob
höhere Tiere   B e z i e h u n g e n   z w i s c h e n
O b j e k t e n   ihrer Umwelt erfassen können, ein Problem, das im Rahmen einer - noch ungeschriebenen - umfassenden Naturgeschichte der Orientierungstätigkeit von
Mensch und Tier seine Bedeutung gewinnt.

Fragestellungen dieser Art wurden zwar nicht von KÖHLER
(1915) inauguriert, aber "... his experiments and the
theoretical interpretation he placed upon them have
received considerable attention and have greatly
influenced thinking on the problem..." (SPENCE, 1937,
S. 430 f).

Während KÖHLER u.v.a. den Nachweis zu führen suchten, daß
nicht nur Merkmale des Einzelmusters sondern   R e l a -
t i o n e n   zwischen simultan gebotenen Paaren den Cha-
rakter eines Signals bekommen können, zielt dieser Beitrag auf die Beantwortung der Frage, ob höhere Tiere -
speziell Tauben - Beziehungen zwischen Wahrnehmungsdingen
auch dann erfassen, wenn der Bezug   n i c h t   durch
die simultane Exposition der Reizgegebenheiten hergestellt
wird, ein Untersuchungsansatz, der dem Humanpsychologen
aus der Erforschung absoluter Urteile vertraut ist.

Es liegt in der Natur der Sache, daß in einer Sondierungs-
studie mehr Hypothesen aufgestellt werden, als die Daten
abzudecken vermögen. Dies ist in der Darstellung sehr be-
wußt beibehalten worden. Mißerfolge der Messung wurden
nicht verschwiegen.

Die Arbeit wurde im Sommersemester 1973 von der Philosophi-
schen Fakultät der Westfälischen Wilhelms-Universität
Münster als Dissertation angenommen.

Herrn Professor Dr. W. WITTE, der diese Untersuchung
angeregt und gefördert hat, bin ich für seine freund-
liche Begleitung zu herzlichem Dank verpflichtet. Das
gleiche gilt für Kollegen und Freunde, die mich durch
weiterführende Gespräche oder Hilfestellungen bei der
technischen Verbesserung der Versuchsapparatur unterstützt haben.

Frau FELDMEYER danke ich für die sorgfältige Anferti-
gung der Zeichnungen, Herrn FRANK für die Fotografien,
Frau PASCH für die Mühen der Typoskripterstellung.
Der Universität Münster und dem Land Nordrhein-Westfalen
gebührt Dank für die finanzielle Unterstützung bei der
Drucklegung der Arbeit.

INHALTSVERZEICHNIS

Pity poor Psychology. First it lost
its soul, then its mind, then consciousness and now it's having trouble
with behavior.

1. Der Stellenwert tierpsychologischer Forschungen für die Theorienbildung der Psychologie

1.1 Vorbemerkungen

Psychologen im deutschen Sprachraum, die sich wissen-
schaftlich mit dem Verhalten von Tieren befassen, sehen
sich schnell genötigt, Erklärungen für ihre spezielle
Forschungstätigkeit geben zu müssen.
Dies mag umso mehr überraschen, als nahezu alle umfassenden Theorien des Verhaltens auf groß angelegten tierexperimentellen Untersuchungen basieren, die teils in der
Psychologie, teils in den Grenzbereichen zwischen Psychologie, Physiologie und Zoologie angesiedelt sind und
Hypothesen für die Interpretation menschlichen Verhaltens,
vornehmlich für Probleme der Entwicklung, der Wahrnehmung,
des Lernens und der Motivation liefern.
Ziel dieses einführenden Kapitels ist es daher, anhand
eines historischen Leitfadens die Erkenntnisinteressen
der unterschiedlichen tierpsychologischen Forschungs-
richtungen herauszustellen und ihren Erkenntniswert für
die Theorienbildung der Psychologie zu beleuchten.

1.2 Zur Geschichte der empirischen Verhaltensanalyse
     an Tieren

"One may say broadly that all animals that have been
carefully observed have behaved so as to confirm the
philosophy in which the observer believed before his
observations began. Nay, more, they have all displayed
the national characteristics of the observer. Animals
studied by Americans rush about frantically, with an
incredible display of hustle and pep, and at last
achieve the disired result by chance. Animals observed by Germans sit still and think, and at last evolve
the solution out of their inner consciousness."
(B. RUSSEL, 1927, S. 32)

Als RUSSEL diese geistreichen Bemerkungen schrieb und
die Kontroverse zwischen führenden Vertretern der Ge-
stalttheorie (KÖHLER 1917 , KOFFKA 1925) und der behavioristischen Schule über Methoden und Interpretationsmög-
lichkeiten von Tierbeobachtungen ironisch auf Mentalitäts-
unterschiede reduziert, gehörten Tierexperimente erst
seit 30 Jahren zum methodischen Rüstzeug der Psychologen.
Das Interesse an Tieren freilich läßt sich bis in prae-
historische Zeiten zurückverfolgen; Wandmalereien, To-
temtiere und Götterbilder verweisen auf seinen magischen
und religiösen Ursprung. Später schlug es sich, vornehmlich auf dem Wege des Mensch-Tier-Vergleichs, im philo-
sophischen und naturwissenschaftlichen Schrifttum nieder
(vgl. TEMBROCK 1963).
Sehr früh werden die Verfahrensweisen deutlich, denen
noch heute Gültigkeit zukommt: Verhaltensbeobachtungen
unter natürlichen und künstlichen Bedingungen.

Schon in den Schriften der Hippokratiker (ca. 350 v. Chr.)
finden sich Hinweise auf einfache Tierexperimente, die
Bedeutung dieser Methode schien allerdings noch nicht
voll erkannt zu sein (ROTHSCHUH 1953).

Etwa gleichzeitig beschrieb ARISTOTELES, der als glänzen-
der Beobachter ausgewiesen ist (R. WATSON 1963, TEMBROCK

1963), Verhaltensweisen der verschiedensten Tierarten
in ihrer natürlichen Umwelt; auf dem Wege sorgfältiger
Einzelbeobachtungen entdeckte er Zusammenhänge, die der
Überprüfung mit modernen Mitteln standhielten, so etwa
den Einfluß von Außenfaktoren auf die Aktivität der
Ameisen.

DAHL (1922) vermutet, vielleicht nicht ganz zu Unrecht,
daß fehlende Methodenhinweise die Nachfolge erschwerten,
zumal die anekdotische Methode, deren sich ARISTOTELES
ebenfalls bediente, weit geringere Schwierigkeiten bietet.

Festzuhalten bleibt, daß ARISTOTELES, der als erster
Philosoph eine entscheidende Wendung zur Empirie voll-
zog und damit die systematische empirische Psychologie
und Zoologie begründete (WATSON 1963, WITTE 1967, KANTOR
1969) methodisch erst spät Schüler fand; Anekdoten bil-
deten bis in das 18. und 19. Jahrhundert der Neuzeit den
einzigen Beleg für das (intelligente oder dumme, einsich-
tige oder automatenhafte) Verhalten von Tieren in ihrer
natürlichen Umwelt.

Es blieb den pragmatisch orientierten Ärzten vorbehalten,
die Beobachtung von Tieren unter künstlichen Bedingungen
voranzutreiben. Diese Experimente, Vivisektionen aus
anatomischem und physiologischem Interesse, machen die
Verschwisterung der Psychologie mit den medizinischen
Disziplinen deutlich, sofern der Blickwinkel auf Verhaltensdaten gerichtet ist. So führte der griechische
Arzt GALENOS von Pergamon (129 - 201), der als erster
planmäßig arbeitender Experimentalphysiologe gilt
(ROTHSCHUH 1953), Versuche durch, die methodisch und inhaltlich im Überschneidungsbereich von Physiologie und
Psychologie liegen.

GALENOS durchtrennte das Rückenmark lebender Tiere an
unterschiedlichen Stellen und beobachtete die Auswirkungen auf das Verhalten.
Durch Reizung der Hirn- und Rückenmarkshäute wies er
ihre funktionelle Bedeutungslosigkeit nach.

Mit diesem Versuchstypus - Eingriffe am ZNS, um die
Konsequenzen für das offene Verhalten zu studieren -
begründete GALENOS Verhaltensphysilogie und Neuropsycho-
logie, Disziplinen, die in den letzten 50 Jahren mit ver-
feinerter Versuchstechnik und unzähligen Tierexperimenten zu einer bedeutenden Entwicklung kamen. GALENOS
selbst blieb ohne unmittelbaren Nachfolger.
Wirtschaftlicher Niedergang, politische und soziale Un-
ruhen, vor allem aber der Einfluß des Orients und der
christlichen und arabischen Religionen auf die griechisch-
römische Kultur hemmen die Weiterentwicklung empirischer
Forschungsmethoden. Naturbeobachtung und Experiment gewinnen im Abendland erst mit der Renaissance allmänlicn
wieder an Boden.

Vereinzelte Neuanfänge naturwissenschaftlichen Vorgehens
sind bereits zur Zeit der Hochscholastik zu finden. AL-
BERTUS MAGNUS (1193 - 1280) und VITELLO (1230 - 1270),
ROGER BACON (1214 - 1294) und PETER von SPANIEN (1215 -
1277) formulierten Grundsätze empirscher Arbeit und
führten einfache Experimente durch (ROTHSCHUH 1953,
R. WATSON 1966). Die für die Psychologie interessanten
Tierexperimente datieren allerdings erst aus dem 17. und
18. Jahrhundert.

Die Hinwendung zum 'Buch der Welt' (DESCARTES 1956 -
1650), die Entwicklung von Geometrie und Mechanik, Anatomie und Physiologie, nicht zuletzt die von PEREIRA
und DESCARTES vorgetragene Automatentheorie der Tiere
sind bahnbrechend für eine Serie neurophysiologischer
Tierexperimente, die zur Grundlage für die sicn später
entfaltenden 'objektiven' Richtungen der Psychologie
werden.

Die Vorstellung DESCARTES', daß eine von den Sinnesorganen zum Zentrum weitergeleitete Erregung von dort - wie
durch einen Spiegel - in das motorische System reflektiert

wird, führt zu einer fruchtbaren Forschung, an der zunächst englische, dann deutsche, schließlich russische Physiologen maßgeblich beteiligt sind.

Exstirpations-, Trepanations- und Reizungsversuche sind der Weg, das Wissen über Funktion und Zusammenspiel einzelner Teile des ZNS zu studieren.

GLISSON (1672) schreibt den Muskelfasern Irritabilität zu, eine Hypothese, die ALBRECHT VON HALLER 1752 anhand zahlreicher Tierexperimente belegen kann: Irritabilität zeigen alle Organe mit Muskelfasern, Sensibilität, aus den Schmerzensäußerungen der verletzten Tiere erschlossen, alle Organe mit Nervenfasern. Hier wird erstmalig die Zuordnung bestimmter Leistungen zu bestimmten Gewebestrukturen getroffen (ROTHSCHUH 1953).

1730 führt STEPHAN HALES ein für die Reflexlehre fundamentales Experiment durch: er weist nach, daß die Beinbewegungen dekapitierter Frösche ausbleiben, wenn das Rückenmark zerstört wurde.

WHYTT, der diese Experimente wiederholte und auf den sinnesphysiologischen Bereich ausdehnte, führte die Termini 'stimulus' und 'response' ein. 1751 gibt er eine Zusammenfassung über die 'involuntary motions of animals', 1763 beschreibt er das Phänomen des bedingten Reflexes. UNZER benutzt 1771 das Wort 'Reflex', um die unwillkürlichen Bewegungen von Willküraktivitäten zu unterscheiden (ROTHSCHUH 1953, WATSON 1963).

PROCHASKA, der zahlreiche Versuche an Rückenmarksfröschen durchführte, legte 1784 eine Interpretation des Reflexgeschehens nieder, die alle wesentlichen Kriterien der modernen Reflextheorie enthält (sensible Nervenbahnen - sensorium commune als Zentrum - motorische Bahnen), ohne über genaue Kenntnisse der anatomischen Substrate zu verfügen.

Das morphologische Wissen - die Existenz getrennter
Bahnen für Motorik und Sensibilität und ihre Lokalisa-
tion an der vorderen bzw. hinteren Rückenmarkswurzel
- wurde erst durch BELL (1811), MAGENDIE (1822) und
J. MÜLLER (1831) beigebracht.

Damit war nicht nur die entscheidende Grundlage für das
Modell des Reflexbogens und das Studium motorischer Systeme geschaffen, sondern es wurde auch eine klare Trennung
zwischen Sinnes- und Muskelphysiologie möglich.

Mit dem vergleichenden Studium der Sinne, von J. MÜLLER,
HELMHOLTZ und vielen anderen Physiologen des 19. Jahrhunderts betrieben, wurde ein neuer experimenteller Zugang zur Prüfung der Leistungsfähigkeit von Mensch und
Tier gefunden, ein Weg, der direkt zur Entstehung der
experimentellen Wahrnehmungspsychologie einerseits und
zur objektiven Erforschung tierischen Verhaltens andererseits führte.

Neben dem experimentell-analytischen Vorgehen der Physiologen läßt sich seit der Aufklärung die Entwicklung der
Naturforschung im Sinne von ARISTOTELES verfolgen. Speku-
lationen über die Tierseele treten allmählich hinter der
systematischen Beobachtung und Beschreibung tierischen
Verhaltens zurück.

1716 schildert v. PERNAU die Lebensweise verschiedener
Singvögel und geht auf den inzwischen gut belegten Tatbestand ein, daß ein Teil unserer Sänger die artspezifi-
schen Lautäußerungen durch Nachahmung erwirbt. REAUMUR
(1737 - 42), RÖSEL von ROSENHOF (1746 - 61), DE GEER und
LYONET stellen Bau und Entwicklung der Insekten dar,
TREMBLEY (1744) beschreibt das Verhalten der Hydren,
BUFFON (1754) die Gewohnheiten einiger Wirbeltiere,
REIMARUS trägt Beobachtungen über die 'Kunsttriebe' zusammen (1760, 1773), HUBER und HUBER studieren das Leben
der Bienen und Ameisen (1810).

Mit der Einführung des Mikroskops durch LEEUWENHOEK (1673)
gewann das Verhalten der von ihm entdeckten Infusorien
und anderer kleinster Süßwasserbewohner großes Interesse,
zumal seine Analyse grundlegend neue Erkenntnisse über
das Wesen der tierischen Organisation mit sich brachte
(vgl. HERTWIG 1907).

Für die psychologische Forschung ergaben sich gerade aus
den zuletzt genannten Untersuchungen vielfältige Anregungen; alte Fragestellungen konnten - inzwischen empirisch
fundiert - neu diskutiert werden:

(1) Die Beobachtung der staatenbildenden Insekten führte
unter Bezugnahme auf den Instinktbegriff der Stoiker zu
einer groben Klassifikation des Verhaltens (instinktiv -
intelligent), an der sich Organisationsunterschiede zwischen Mensch und Tier festmachen ließen, ohne komplexe
tierische Leistungen außer acht zu lassen, eine Klassifikation, die von modernen Ethologen (LORENZ 1937, 1961,
TINBERGEN 1952) erweitert und präzisiert wurde.

(2) Das Verhalten einfachst organisierter Lebewesen, speziell ihre Fähigkeit, auf Reize ihrer Umwelt zu reagieren,
begann die Problematik einer reinen Bewußtseinspsychologie
deutlich zu machen. Die von PEREIRA, DESCARTES und
MALEBRANCHE vorgetragenen Unterscheidungskriterien für
Mensch und Tier fanden hier ein geeignetes Prüffeld; die
Beziehungen zwischen Reizbarkeit einerseits, Bewußtseins-
phänomenen wie Wahrnehmung, Vorstellung, Erinnerung etc.
andererseits wurden - bei den niedrigsten Organisationsstufen beginnend - überprüft, ein Verfahren, das bis zum
heutigen Tag einen wesentlichen Bestandteil tierpsychologischer Untersuchungen bildet (Übersicht bei RENSCH 1973)
und, über das Vehikel der Verhaltensbeobachtung, Aufschlüsse über die Wurzeln der menschlichen Bewußtseinstä-
tigkeit vermittelt.

Gleichzeitig wurde und wird mit Untersuchungen dieser
Art ein bedeutender Beitrag zur Entwicklung des Psychischen und zur Aufklärung des psychophysischen Problems
geleistet (vgl. LEONTJEW 1973; RENSCH 1969, 1971, 1973).

Beobachtungen im freien Feld und erste Anfänge des Experimentierens unter tierpsychologischem Aspekt führten zu
einer verbreiterten Induktionsbasis, die eine Neuorientierung des Mensch-Tier-Vergleichs notwendig machte.
Die simplifizierende Gegenüberstellung von Mensch und
Tier mußte sich als unzureichend erweisen, nachdem die
Klasse Tier Infusorien ebenso umfaßte wie Anthropoiden.

So sind gegensätzliche ontologische Auffassungen nicht
verwunderlich; sie lassen sich z.T. aus dem untersuchten Gegenstandsbereich ableiten, ein Tatbestand, der
sich auch für die jüngere Vergangenheit belegen läßt:
vergleichende Psychologen wie YERKES, die genügend Beo-
bachtungsmaterial an einfach und höher organisierten Tieren gesammelt haben, neigen zu differenzierteren Auffassungen über die Leistungsgrenzen von Tieren - zur Illustra-
tion sei YERKES Stellung zum Problem des einsichtigen
Lernens bei Anthropoiden genannt -, als Forscher, die
sich auf Lernstudien an Kleinsäugern und Vögeln beschrän-
ken (vgl. HILGARD u. BOWER 1948).

Die kenntnisreichen Bemühungen der vergleichenden Anato-
men (LAMARCK, GEORFFROY ST. HILAIRE, CUVIER, MECKEL und
GOETHE) des 18. und 19. Jahrhunderts verhalfen der Ansicht
zum Durchbruch, daß die unpräzise Mensch-Tier-Alternative
zugunsten der Annahme einer Entwicklungsreihe aufzugeben
sei, als deren (vorläufig) letztes Glied der 'homo sapiens'
zu verstehen ist. Die grundlegende Idee aller Evolutions-
theorien, daß "...living things do change with time"
(R. WATSON, 1963, S. 299), die aus philosophischer Sicht
wiederholt vorgetragen worden war, konnte zu einem be-
gründeten System ausgebaut werden, das die Einordnung von
Lebewesen unterschiedlichster Organisationsstufen gestat-
tete und die Entstehung des vorhandenen Formenreichtums
erklärte.

Es ist das Verdienst DARWINs (1859), den bereits von
BUFFON, E. DARWIN, GOETHE, ST. HILAIRE, LAMARCK und OKEN
in der Biologie vertretenen Entwicklungsgedanken zu einer
(für seine Zeitgenossen provozierenden) Theorie ausformu-
liert zu haben.
Der mit wenigen Erklärungsprinzipien arbeitende Ansatz,
von dem scharf beobachtenden Naturforscher mit einer Fülle
von Belegen abgesichert, fand, durch die Entwicklungsphilo-
sophie H. SPENCERs gestützt, Eingang in alle Bereiche der
Wissenschaft und erwies sich als ein Rahmenkonzept, das
zahlreiche Einzelbefunde der Zoologie ebenso integrierte
wie die Forschungsintentionen verschiedener Disziplinen.
DARWIN war nicht nur der Newton der Zoologie, er kann
auch als Inaugurator der modernen Verhaltensforschung und
der Vergleichenden Psychologie gelten. Ferner ist das Auf-
blühen der allgemeinen und speziellen Entwicklungspsychologie, der Völkerkunde und der Kulturanthropologie zum
guten Teil auf die Wirkung seiner Theorie und seiner
Methodik zurückzuführen.
DARWIN, der Naturbeobachtung und Experiment verband (z.B.
1881) und die vergleichende Methode, bislang auf die Untersuchung morphologischer Strukturen bezogen, auch auf
die Analyse von Verhaltenseinheiten, speziell die Aus-
drucksbewegungen bei Mensch und Tier, anwandte (1872),
gab mit der Beschreibung seiner Beobachtungen die Richtungen an, die bei tierpsychologischen Forschungen zu
verfolgen sind:

"Eine Handlung, die von uns selbst Erfahrung erfordert,
um sie auszuführen zu können, nennen wir, wenn sie von
einem Tier, besonders von einem jungen ohne jede Erfahrung
ausgeführt wird und wenn sie viele Individuen in der gleichen Weise ausführen, ohne daß sie wissen, zu welchem
Zweck, instinktiv. Ich konnte jedoch zeigen, daß keines
dieser Merkmale des Instinkts allgemeingültig ist. Eine
kleine Dosis Verstand und Vernunft spielt ... selbst bei
Tieren in der unteren Skala der Natur ein wenig mit."
(1859), zit. nach der dtsch. Ausgabe, 1963)

Der Aufklärung dieser 'kleinen Dosis Verstand und Vernunft' galten in der Folgezeit neben der Erforschung des relativ unveränderlichen arteigenen Instinktverhaltens zahlreiche Untersuchungen.

DARWINs Theorie führte bei einem Teil seiner Anhänger (z.B. bei BREHM, BÜCHNER, HAECKEL, ROMANES, SCHNEIDER, VOGT, übrigens auch bei WUNDT, vgl. Dembowski 1955) zu einer starken Tendenz, tierisches Verhalten zu anthropomorphisieren, eine Tendenz, die historisch zu verstehen und in Zusammenhang mit dem Fehlen eines methodischen Kanons zu sehen ist.
Dieser methodische Kanon wurde um die Jahrhundertwende von Biologen, Physiologen und Psychologen geschaffen.
Als wesentliche Leistungen, Grundlage der neuen, objektiven Tierpsychologie sind zu nennen:

(1) die Entwicklung einer dem Gegenstandsbereich angemessenen Nomenklatur,

(2) die Entfaltung der experimentellen Techniken zur vergleichenden Untersuchung tierischer Leistungen,

(3) die Formulierung einer methodischen Grundregel, des 'law of parsimony' (LLOYD MORGAN 1894), um willkürliche anthropomorphisierende Deutungen tierischen Verhaltens einzuschränken[1].

Die weiter oben genannte Differenzierung der Ziele führte zu einer Differenzierung des methodischen Instrumentarismus:

---

1) Wie wenig das 'Prinzip der sparsamsten Erklärung' mitunter allerdings weiterhelfen kann, zeigt die Diskussion, die zwischen amerikanischen und deutschsprachigen Verhaltensforschern über die Frage genetischer Praeformierungen von Verhaltensweisen geführt wird: beide Lager berufen sich - durchaus nicht ungerechtfertigt - auf den LLOYD MORGANschen Kanon (LORENZ 1961, LEHRMAN 1970).

Die Erstellung artspezifischer Verhaltensinventare verlangte in erster Linie systematische Beobachtung unter
natürlichen Umweltbedingungen (Übersicht bei BIERENS DE
HAAN 1935, DEMBOWSKI 1955, EIBL-EIBESFELDT 1967). Dazu
kam ein auch für die moderne Ethologie noch bezeichnen-
der Typus des Experimentierens, der als Variation der Le-
bensbedingungen des in seiner natürlichen Umwelt belas-
senen Tieres zu beschreiben ist. Hierhin gehören SPAL-
DINGs Experimente zur Frage von Reifung und Lernen (1873,
1875), DARWINs Untersuchungen am Regenwurm (1881), die
Attrappenversuche des Ehepaares PECKHAM an Spinnen (1889),
LLOYD MORGANs Versuche zum Problem von Instinkt und Erfahrung (1894).

Schon die Verfahrensweisen SPALDINGs, u.a. zog er junge
Schwalben unter partiellen Deprivationsbedingungen auf,
zeigen, daß der Übergang zum Laborexperiment fließend zu
sehen ist. Im Grenzfall läßt sich die Trennung eher anhand der Zielsetzungen des Forschers als anhand der ange-
wandten Techniken vollziehen, ein Problem, das weiter
unten ausführlicher zu diskutieren ist.

Für die Weiterentwicklung der Ethologie waren neben
J. HUXLEYS Untersuchungen am Haubentaucher (1912) vor allem die Arbeiten von WHITMAN (1903) und HEINROTH (1910)
bedeutsam, die, voneinander unabhängig, in systematischer
Weise Verhaltensinventare verwandter Tierarten verglichen
haben. Die konsequente Anwendung der stammesgeschichtlich-
vergleichenden Methode nicht nur auf morphologische Merkmale sondern auch auf Bewegungsabläufe artverwandter Tiere
brachte die Erkenntnis, daß "...bestimmte Verhaltensweisen ebenso konstante wie kennzeichnende Merkmal von Arten, Gattungen und noch größeren Einheiten des zoologi-
schen Systems sind wie etwa die Formen von Knochen und
Zähnen usw..." (LORENZ 1965). Diese spezifischen Bewe-
gungskoordinationen - WHITMAN nennt sie 'instincts',
HEINROTH 'arteigene Triebhandlungen' - werden damit, ganz
wie DARWIN in seiner nachgelassenen Arbeit 'Über den Instinkt' (hrsg. v. ROMANES 1900) bereits vermutete, als

stinkt' (hrsg. v. ROMANES 1900) bereits vermutete, als
im Erbstock der Art verankert betrachtet. So war jenes
Phänomen entdeckt, "... das zum Kristallisationspunkt
einer ganzen Forschungsrichtung wurde..." (LORENZ 1950).

Wesentlichen Einfluß auf die weitergehende Klassifikation
tierischen Verhaltens und seine experimentelle Analyse
nahmen CRAIG (1918) und J. v. UEXKÜLL (1899, 1909, 1920).
V. UEXKÜLL, der 1899 zusammen mit BEER und BETHE für eine
objektivierende Nomenklatur bei der Beschreibung tierischen Verhaltens eintrat, sind zahlreiche Beiträge zur be-
grifflichen und experimentellen Klärung tierpsychologischer Fragen zu danken. Dies ist nicht zuletzt darin begründet, daß er als einer der ersten auf dem hohen Inte-
grationsniveau arbeitete, das für die Erforschung kom-
plexen Verhaltens erforderlich ist: Verhaltensbeobachtung
und Experiment, physiologisches und zoologisches Wissen
wurden unter dem Aspekt verknüpft, die Wechselbeziehungen
zwischen Organismen und ihrem Biotop mit den Mitteln exak-
ter Naturwissenschaft zu studieren. Als besonders fruchtbar erwies sich sein Ansatz, zwischen der Umgebung und der
- durch die Baupläneigenarten (Kapazität der Sinnesorgane,
des Zentralnervensystems und des motorischen Apparates der
jeweiligen Tierart festgelegten - Umwelt zu differenzieren.
Mit dem Modell des Funktionskreises, das eine weitere
Klassifikation der Umwelt in Merk- und Wirkwelt erlaubt,
wird es außerdem möglich, zwischen baupläbedingter, ha-
bitueller und bedürfnisbedingter aktueller Umwelt
(SCHMIDT 1970) zu trennen, eine Unterscheidung, die auch
für die Interpretation menschlichen Verhaltens von Bedeutung ist, sofern Umgebung nicht mit Biotop und Bedürfnis nicht ausschließlich mit Primärbedürfnis indentifiziert
wird. (vgl. z.B. LEWIN 1926).
Mit dieser Unterscheidung war eine Erklärungsmöglichkeit
für widersprüchliche Befunde bei der Überprüfung der Sinnesleistungen von Tieren gegeben: sie erwiesen sich -
über das Konstrukt der im angesprochenen Funktionskreis

wirksamen Bedürfnisstruktur - als von der Untersuchungssituation abhängig, ein Tatbestand, dem gerade mit den
Versuchstechniken des operanten Konditionierens häufig
zu wenig Rechnung getragen wird.

Als Beispiel für die, je nach eingeklinktem Funktionskreis unterschiedliche Beantwortung gleicher Reizgegebenheiten der Umwelt seien die Untersuchungen zum Farbensinn
der Biene genannt. V. HESS (1912) stellte fest, daß Bienen
immer die hellere von zwei verschieden gefärbten Licht-
quellen aufsuchten und schloß daraus auf ihre Farbenblind-
heit. K. v. FRISCH (1914), der mit der von ihr hergestellten Untersuchungssituation den Funktionskreis Nahrungs-
suche ansprach, konnte dagegen ihre Farbtüchtigkeit nachweisen (Beispiel aus EIBL-EIBESFELDT 1967).

CRAIG betonte in einer für die moderne Instinkttheorie
grundlegenden Arbeit (1918), daß Tiere sich spezifischen
Reizkonstellationen der Umwelt aktiv zuwenden. Diese Aktivitäten, die "unter Beibehaltung eines gleichbleibenden
Zieles adaptive Veränderlichkeiten zeigen" (LORENZ 1937,
zit. n. LORENZ 1965, S. 295), bezeichnete CRAIG als
'appetitive behavior', LORENZ übertrug den Begriff als
'Appetenzverhalten'; letzteres trennt er streng von der
starr ablaufenden, erfahrungsunabhängigen Erbkoordination
('consumatory action' sensu CRAIG, 1918).

Die Beobachtung und Ausgliederung des Appetenzverhaltens
war nicht nur für die Klassifikation des Verhaltens in
starre und plastische Anteile wichtig; zusammen mit dem
Phänomen der Leerlaufhandlung, das LORENZ als extreme
Form der Schwellenerniedrigung (v. UEXKÜLL 1909) interpretierte, und gestützt durch die Entdeckung von Neurophysio-
logen (z.B. v. HOLST, WEISS), daß "... nicht nur die
Reizbarkeit, sondern auch die autonome Rhythmik zu den
elementaren Lebenserscheinungen gehört..." (TEMBROCK 1964),
bildete die differenzierte Beschreibung tierischer
Aktivitäten die Grundlage dafür, die Reflexkettentheo-
rie des Instinkts zurückzuweisen (LORENZ 1937, 1938)

und ein dynamisches Selbststeuerungskonzept des Verhaltens
zu entwickeln. Die Instinkttheorie von LORENZ (1937, 1938,
1961) und TINBERGEN (1938, 1952), erweitert durch LEYHAU-
SENs Modell der 'relativen Stimmungshierarchie' (1965),
bildete in der Folgezeit die Basis für eine weitverzweigte
experimentelle Forschung.

LORENZ kommt das Verdienst zu, durch seinen umfassenden,
an der Deszendenztheorie orientierten Ansatz eine welt-
weite Diskussion über tierisches und menschliches Verhalten angeregt zu haben.
Auf die Problematik, die aus Tierbeobachtungen gewonnenen
Ergebnisse einschließlich des eben dort präzisierten Be-
griffsapparates zur Interpretation menschlichen Verhaltens
heranzuziehen, soll an dieser Stelle nicht näher eingegangen werden; ein sorgfältiges und kritisches Referat der
bisherigen Befunde findet sich bei H.-D. SCHMIDT (1970).

Als methodisch vielversprechend erwiesen sich die schon
von DARWIN angeregten vergleichenden Untersuchungen des
mimischen Ausdrucks, wie sie etwa von LADYGINA-KOHTS an
Kindern und Schimpansen durchgeführt wurden (1935, nach
DEMBOWSKI 1956). Ähnliches gilt für die systematische
vergleichende Beobachtung von Kindern, die infolge eines
angeborenen körperlichen Gebrechens unter partiellen Deprivationsbedingungen aufwachsen. So konnten THOMPSON
(1941) und EIBL-EIBESFELDT (1967) zeigen, daß sowohl blind
wie taub-blind geborene Kinder über die Grundformen des mimischen Ausdrucks wie Lächen, Weinen, Stirnrunzeln etc.
verfügen. In gleicher Weise ist das anhand interkultureller
Vergleiche gewonnene Material über menschliches Ausdrucks-
verhalten zu interpretieren: es stützt die Annahme genetisch vorprogrammierter Bewegungsnormen im Bereich der
Mimik (EIBL-EIBESFELDT 1967, 1973).

Für tierpsychologische Fragestellungen brachten die etho-
logischen Forschungen einen Gewinn, der bis zum gegenwärtigen Zeitpunkt noch nicht voll ausgeschöpft ist. Als
wesentliche Punkte sind zu nennen:

(1) die Betonung der Spontaneität von Verhaltensweisen,

(2) die Beiträge zur KLassifikation des Verhaltens,

(3) die inhaltlichen und methodischen Anregungen zur Auflösung des 'nature-nurture-Problems'.

Neben den Verfahren planmäßiger Beobachtung sind als kardinale und für diese Fragestellung spezifische Methoden herauszustellen:

(a) Experimente mit Tieren, die unter partiellen Deprivationsbedingungen aufgezogen wurden (SPALDING 1872, seit BRÜCKNER (1933) sogenannte Kaspar-Hauser-Versuche) [1],

(b) Attrappenversuche (PECKHAM und PECKHAM 1889; LORENZ 1935),

(c) Hirnreizungsversuche (W.R. HESS 1957, v. HOLST u. U.v. SAINT PAUL 1960),

(d) Kreuzungsversuche (HEINROTH 1924 - 1928, LORENZ 1935, 1941),

(e) Prägungsversuche (LORENZ 1935, E.HESS 1959),

(f) Pharmakologische Versuche (BEACH 1948, KOLLER 1955).

Die keineswegs aggressionslos geführte Grundsatzdiskussion über die von Lorenz vorgeschlagene Dichotomie zwischen 'angeborenem' und 'erlerntem' Verhalten (LEHRMAN 1953, 1954, 1970, SCHNEIRLA 1954, LORENZ 1961, TINBERGEN 1969) mag gelegentlich, vor allem bei den Beobachtern der Szene, den Blick dafür verstellen, welche Beiträge LORENZ speziell zu Fragen des Lernens geleistet hat.

Zweifellos wäre es nicht unwesentlich, dem Phänomen der sensiblen bzw. kritischen Phasen und dem Problem der Selektivität des Lernens sowohl auf motorischer wie auf sensorischer Seite in stärkerem Maße nachzugehen.

---

1) Sämtliche Literaturangaben beziehen sich auf historisch besonders frühe und/oder sehr bekannte Experimente.

Hier bieten sich Erklärungshypothesen für den gut belegten Tatbestand, daß artverwandte Versuchstiere auf
annähernd identische Versuchsbedingungen sehr unterschiedlich reagieren können. Dieser zunächst triviale,
weil auf Bauplaneigenarten zurückführbare Befund wird
insofern bedeutsam, als anhand tierexperimenteller Daten
generelle theoretische Annahmen über Aufbau und Aufrecht-
erhaltung von Verhaltensweisen formuliert werden.
So wird die strittige und gewöhnlich in Form von Alter-
nativen gestellte Frage nach der Wirkungsweise von 'Ver-
stärkern', die von Lerntheoretikern sehr unterschiedlich
beantwortet wird, bei sorgfältiger vergleichender Analyse
sowohl der Gesamtsituation, in die die positiven oder ne-
gativen Verhaltenssequenzen eingebettet sind, als auch
der Baupläne der speziellen Arten, möglicherweise zu einer differenzierten, das formale Funktionsschema (vgl.
SCHMIDT 1970) des 'instrumentellen Bedingens' keineswegs
verletzenden Antwort führen: Organisationshöhe und angesprochener Funktionskreis der untersuchten Organismen bestimmen, ob die vom Experimentator festgelegten Verhal-
tenskonsequenzen peripher (also z.B. triebreizreduzierend,
vgl. HULL 1943) oder zentral (im Sinne einer kognitiven
Erfolgs- bzw. Mißerfolgsmeldung) vermittelt werden. Das
heißt, bei gleicher Funktion des verstärkenden Ereignis-
ses, ablesbar am Anstieg der Auftretenswahrscheinlichkeit
eines bestimmten Verhaltens, werden physiologisch unterschiedliche Ebenen der Konkretisierung benutzt. Als Beispiel für analoge Funktionsschemata, die auf verschiedenen phylogenetischen Organisationsstufen mit unterschiedlichen Bausteinen arbeiten, sei das Schema der 'Hörschär-
feverstärkung' genannt (v. FRISCH 1936, nach SCHMIDT 1970).
Dieses Funktionsschema ist insofern ein besonders einschlägiger Fall, als sich Unterschiede bei der Wahl der
Mittel zur Erhöhung der Hörschärfe nicht nur bei stammesgeschichtlich weit auseinanderliegenden Organismen (Mensch -
Fisch) sondern auch bei einander nahestehenden Tierarten
(Fisch - Fisch) zeigen.

Mit dem Hinweis auf die bisher noch zu wenig gewürdigten
Beiträge der Ethologie zu Fragen des Lernens ist der An-
knüpfungspunkt für die Erörterung jener Forschungsrich-
tungen gegeben, die die 'kleine Dosis Verstand und Vernunft' zum Gegenstand ihrer Untersuchungen werden ließen
und damit, einerseits an der Evolutionstheorie, andererseits an der Bewußtseinspsychologie orientiert, die 'Vergleichende Psychologie' ins Leben riefen.
Hier ist zunächst der Darwinschüler ROMANES zu nennen,
der 1882 eine umfangreiche Sammlung von Belegen für

tierische Intelligenz vorlegte; dies mit der erklärten
Absicht "... den Vorgang der geistigen Entwicklung nach
der jetzt allgemein gültigen historischen Methode (zu)
untersuchen" (zit. nach der dtsch. Ausgabe 1900, S. 5).
ROMANES, der sich weitgehend auf anekdotisches Material
stützte, gewann seine Bedeutung vor allem dadurch, daß
er einem neuen Ansatz zum richtigen Zeitpunkt einen Na-
men gab, der mit einem Programm verbunden war:

"In der Familie der Wissenschaften steht die vergleichende Psychologie mit der vergleichenden Anatomie in sehr
naher Verwandtschaft; denn so wie die letztere den anatomischen Bau der verschiedenen Tierarten miteinander in
eine wissenschaftliche Verbindung zu bringen bestrebt ist,
so trachtet die erstere nach einer eben solchen Verbindung
der geistigen Erscheinungen." (a.a.O., S. 1)

ROMANES blieb infolge seiner anthropomorphisierenden
Interpretation tierischen Verhaltens und der Art der Da-
tengewinnung nicht ohne Kritiker. LLOYD MORGAN (1894) formuliert das oben bereits erwähnte 'law of parsimony' für
den Bereich der vergleichenden Psychologie, WASHBURN faßte
die Kritikpunkte an anekdotischer Methode und Enquete zusammen.

Etwa zum gleichen Zeitpunkt, als LLOYD MORGAN Lernversuche an Repräsentanten verschiedener Tierarten in ihrer
natürlichen Umwelt durchzuführen begann, und vor dem
Forschungsansatz THORNDIKEs, der als erster Psychologe
mit Tieren im Labor experimentierte, entwarfen Physiologen
und Zoologen den Typus des Experiments, der die Grundlage
aller Intelligenzprüfungen an Tieren werden sollte: die
kontrollierte Aufgabensituation im Labor. So finden wir
bei LUBBOCK einen guten Teil der auch gegenwärtig noch
gebräuchlichen Methoden: Labyrinth, Wahl nach Muster,
Umwegsituationen (DEMBOWSKI 1955). Neben VERWORN, der das
Verhalten von Einzellern untersuchte, und JENNINGS, der den
1855 von BAIN beschriebenen Typus des Lernens durch 'Versuch und Irrtum' bereits an niederen Organismen konstatier-
te (HEHLMANN 1963), ist an dieser Stelle vor allem LOEB
mit seinen bahnbrechenden Arbeiten über die Tropismen zu
nennen.

LOEB mit seinen bahnbrechenden Arbeiten über die Tropismen zu nennen.
LOEB, der wie PAWLOW die begrenzte Bedeutung der vivi-
sektorischen Methode für die Hirnphysiologie erkannte,
erstellte eine ganze Serie von Versuchsanordnungen, die die
quantitative Verhaltensanalyse von niederen Tieren ge-
statteten. Anhand dieser Messungen ließen sich Voraussagen über die Beziehungen zwischen Qualität und Quantität
von Umweltreizen und Art und Stärke der tierischen Reaktion treffen. Sein konsequentes System enthielt nicht nur
methodisch, sondern auch inhaltlich ein Programm:

"Die Tropismen der Thiere bilden einen erheblichen Theil
im Complex jener Erscheinungen, welche Gegenstand der
vergleichenden Psychologie sind. Die Identität der thie-
rischen und pflanzlichen Tropismen zwingt nun dazu, ent-
weder auch bei den Pflanzen Bewußtsein anzunehmen, oder
nach einem Kriterium für die Möglichkeit von Bewußtsein
bei niederen Thieren zu suchen." (LOEB, 1899, S. I).

Genau das sieht er in der 'assoziativen Gedächtnistätig-
keit' gegeben. Und er fährt fort:

"Dieses Kriterium dürfte sich von grossem Nutzen für
die Entwicklung der vergleichenden Psychologie erweisen,
da jetzt die fruchtbare und leicht lösbare Aufgabe gestellt ist, zu untersuchen, welche Repräsentanten der einzelnen Thierklassen assoziatives Gedächtnis besitzen und
welche nicht. Die Ausführung dieser Aufgabe wird den In-
halt einer künftigen vergleichenden Psychologie bilden."
(a.a.O., S. 8)

THORNDIKE, SMALL und YERKES hatten zu diesem Zeitpunkt
die Ausführung der geforderten Aufgabe bereits in Angriff
genommen.
HILGARD und BOWER (1948) bemerken wohl zu Recht, daß die
THORNDIKsche Versuchsanordnung so sehr zum Allgemeingut
geworden ist, daß die Bedeutsamkeit ihrer Einführung
leicht übersehen wird.
Die klar umschriebene Aufgabensituation, hergestellt
durch den sogenannten 'Problemkäfig', erlaubte nicht nur

Verhaltensbeobachtungen unter standardisierten Bedingungen; über die Einführung von 'Lohn' und 'Strafe' als Konsquenzen des Verhaltens ermöglichte sie die Untersuchung motivationaler Voraussetzungen der Gewohnheitsbildung bei Tieren, ein Aspekt, der besonders von HULL (1943) und SKINNER (1953) aufgegriffen und in unterschiedlicher Weise zur Grundlage umfassender Verhaltenssysteme gemacht wurde. THORNDIKE's Einfluß auf die Entwicklung der Lerntheorien verdeutlicht TOLMAN (1938) mit folgenden Sätzen:

"Auf dem Gebiet der Psychologie des tierischen und erst recht des kindlichen Lernens war und ist man auch heute noch fast immer gezwungen, sich mit THORNDIKE auseinander zu setzen, ob man mit ihm übereinstimmt, ob man ihn ablehnt, oder ob man seine Theorie in begrenzten Bereichen zu vervollkommnen sucht. Wir alle hier in Amerika, seien wir Gestaltpsychologen, Reflexologen, kognitive Theoretiker, haben, so scheint es mir, offen oder versteckt, von THORNDIKE unseren Ausgang genommen" (a.a.O. S. 11, zit. nach HILGARD und BOWER, dtsch. Ausgabe, 1970, S. 30).

SMALL (1901) benutzte eine Nachbildung des Hampton-Court-Labyrinths als Prüfinstrument für Ratten; seitdem haben unzählige Tiere verschiedenste Formen des Labyrinths durchlaufen, durchschwommen und überklettert. Die Vorzüge der Methode sind klar ersichtlich: die natürlich Umwelt von Ratten wird in angemessener Weise abgebildet, ihr ausgeprägtes Orientierungsverhalten zu Versuchszwecken genutzt. Weitere Vorteile sind in der fast unbegrenzten Variierbarkeit der Annordnung und in der Möglichkeit zu sehen, verschiedene Lernmaße (Fehler/Zeit) zu erheben.

Mit diesem Verfahren konnte eine ganze Reihe von Problemen der Verhaltensanalyse angegangen werden. Hier seien nur einige typische genannt: Fragen der Motivation, des Transfers, des latenten Lernens, der sensorischen Grundlagen der Orientierung im Raum.

YERKES (1907) erweiterte das Methodeninventar durch die Einführung des Wahlapparates, eine Anordnung, die - in Anpassung an den Bauplan der eingesetzten Tierart - auch gegenwärtig noch zur Untersuchung von Sinnesleistungen, Lern- und Abstraktionsfähigkeit von Tieren dient. Nach Bereitstellung dieser drei grundlegenden Untersuchungsgeräte - Problemkäfig, Labyrinth, Wahlapparat - läßt sich die Entwicklung der tierexperimentellen Forschung nur noch mit der Vokabel "stürmisch" kennzeichnen.

Gleichzeitig ist eine weitere Verzweigung der Forschungsansätze zu beobachten, die sich weniger auf die Methodik als auf den Gegenstandsbereich bezieht. Die Erweiterung der Kenntnisse über die "kleine Dosis Verstand und Vernunft", erworben auf der Suche nach dem "missing link", das die Kluft zwischen Mensch und Tier überbrücken könnte, führt zu einer Differenzierung tierpsychologischer Fragestellungen, die bis zum heutigen Tag Anlaß zu erkenntniskritischen Auseinandersetzungen gibt (vgl. THOMAE 1954, 1955, BERTALANFFY 1965, FOPPA 1965, LEHRMAN 1971): während YERKES u.v.a. Tiere als Glieder einer evolutionären Reihe stammesgeschichtlich-vergleichend untersuchen und damit die Entfaltung des Psychischen zum Gegenstand ihrer Forschung bestimmen, wird in den neu entstandenen 'objektiven' Richtungen der Psychologie Tieren die Funktion eines "Ersatz-Menschen" (WITTE 1964) zugesprochen, d.h., die in den medizinischen Wissenschaften seit GALENOS üblichen Modellversuche an Tieren fanden Eingang in die Humanpsychologie.
Als diese Entwicklung wesentlich fördernde Momente sind anzuführen:
(1) Die Entdeckung komplexer psychischer Prozesse bei höheren Tieren, die sich, in Form eines Indizienbeweises, aus der Beobachtung des Wahlverhaltens (HAMILTON 1911), der "aufgeschobenen Reaktionen" (HUNTER 1913), des

Imitationslernens (KÖHLER 1917) und den Ansätzen zum
Werkzeuggebrauch (HOBHOUSE 1915, YERKES 1916, KÖHLER 1917)
erschließen ließen.

(2) Die experimentelle Analyse des "bedingten Reflexes"
als hypothetischer Einheit psychischer Tätigkeit (PAW-
LOW, ab 1903)

PAWLOWs Arbeiten über die "höhere Nerventätigkeit" wirk-
ten nicht allein methodisch bahnbrechend; sein rigoroses,
alle herkömmlichen psychologischen Begriffe verbannendes
Programm und sein inhaltlich übergreifender Ansatz - Anpassung und Fehlanpassung, psychologische und psychopa-
thologische Probleme wurden aus   e i n e r   Grundkon-
zeption heraus erörtert, waren provokativ genug, um in
der alten und in der neuen Welt eine Vielzahl wissen-
schaftlicher Arbeiten anzuregen.
Neben der inzwischen zum Allgemeingut gewordenen Methode
des Konditionierens sollen hier besonders erwähnt werden:
PAWLOWs Beiträge zur Verhaltensklassifikation und zur Ver-
haltenssteuerung, die für die von WATSON (1913) inaugu-
rierte behavioristische Richtung der Psychologie zur Ar-
beitsgrundlage wurden (ab 1914, vgl. PONGRATZ 1967), ferner die Untersuchungen zum Konfliktverhalten bei Tieren,
die ein überprüfbares Modell für die Genese aktueller
neurotischer Störungen bieten und zusammen mit dem Para-
digma des "bedingten Reflexes" entscheidend zur Entwicklung von Verhaltenstheorie und Verhaltenstherapie bei-
trugen (vgl. EYSENCK und RACHMANN 1967).

(3) Die Formulierung der behavioristischen Grundsatzer-
klärung durch WATSON (1913)

PONGRATZ (1967) weist darauf hin, daß der "klassische
Behaviorismus" WATSONscher Prägung durch fünf Annahmen
zu kennzeichnen ist: das objektivistische, physiolo-
gistische, molekularistische, mechanistische und trans-
positionistische Axiom (a.a.O., S. 328 ff). In dem hier
erörterten Zusammenhang soll lediglich auf das letzte
eingegangen werden: Die Zielsetzung, ein einheitliches
Schema lebendigen Verhaltens zu gewinnen (WATSON 1913),
macht die Verschwisterung der neuen Psychologie mit der
Physiologie deutlich. Diese neue Psychologie   b e d a r f
konsequenterweise der Annahme, daß die Ergebnisse von
Tierexperimenten auch im Bereich des Psychischen auf den
Menschen übertragbar sind. Gleichzeitig lassen sich die
mit dem Programm verbundenen methodischen Ansprüche nur
unter Hinzuziehung von Tieren als Versuchssubjekten erfüllen.

Während also vergleichende Psychologen Belege für die psychische Ähnlichkeit von Mensch und Tier beibrachten und damit die Möglichkeit vorbereiteten, Modellstudien an Tieren zu betreiben, leiteten der Physiologe PAWLOW einerseits, der physiologisch orientierte Psychologe WATSON andererseits mit ihren die Forschungsinhalte und die Forschungsmethoden betreffenden Grundsatzerklärungen eine Entwicklung ein, die zu umfassenden und ertragreichen Studien kurzfristiger Anpassungsprozesse bei Tieren führte, Untersuchungen, die die Basis für die Lerntheorien von HULL, GUTHRIE, TOLMAN und SKINNER bilden (Übersicht bei HILGARD und BOWER 1948).

Bevor der bereits in Zeitgeschichte einmündende historische Exkurs abgeschlossen wird, soll noch kurz auf besonders fruchtbare methodische Ansätze verwiesen werden, die bisher nicht oder nur kursorisch erwähnt wurden.

Hier sind vor allem die Arbeiten von FRANZ (1902, vgl. FLUGEL (1948), LASHLEY (1929) und OLDS (1958) zu nennen, die neurophysiologische Methode wie Exstirpation und Hirnreizung mit Dressurverfahren kombinierten, dies in der Absicht, die Kenntnisse über Struktur und Funktion des Gehirns zu erweitern.

Ferner sind die Beobachtungen und Experimente anzuführen, die nicht das sozial isolierte Tier sondern die tierische Gruppe zum Untersuchungsgegenstand haben (SCHJELDERUP-EBBE 1922 ff, ZUCKERMAN 1932, HARLOW 1958). Sie liefern nicht nur Aufschlüsse über die Gliederung von Tiersozietäten. Besonders seit den Arbeiten HARLOWs wird die Funktion der sozialen Bindung für Entwicklung, Lernen, Motivation und Emotion in den Blickpunkt des Interesses gerückt; die aufweisbaren Analogien zum menschlichen Verhalten empfehlen gerade die T i e r g r u p p e   als ein geeignetes Prüffeld für Hypothesen.

Schließlich soll ein methodischer Ansatz erörtert werden,
der namentlich den deutschsprachigen Raum kennzeichnet:
es ist dies der Versuch, den Weg des Vergleichs in stammesgeschichtlich absteigender Reihe zu gehen und aus
menschlichem Verhalten abgeleitete theoretische Sätze
an höheren Tieren auf ihre Reichweite zu überprüfen.

Als bekannte und folgenreiche Beispiele für diesen Übertragungsschritt sind KÖHLERs (1915, 1917) Intelligenzprüfungen am Menschenaffen und der Nachweis einfacher
Strukturfunktionen beim Schimpansen und beim Haushuhn zu
nennen.
Unter diese Kategorie fallen desgleichen viele - in ihrer
Wirkung weit weniger provokative - Untersuchungen zur vi-
suellen Wahrnehmung, so etwa die Arbeiten über Unterschiedsschwellen, Konstanzleistungen, optische Täuschungen bei
Tieren (Übersicht bei KATZ 1948, BÜHLER 1960).
Hierhin gehören ferner die Experimente KOEHLERs (ab 1937)
und seiner Schüler zur Mengenerfassung und zum Zählver-
mögen, nicht zuletzt auch die bereits erwähnten Untersuchungen HARLOWs (1958, 1962) zu den Auswirkungen gestör-
ter Mutter-Kind-Beziehungen auf das Sozialverhalten von
Affen.

Diese letzte Aufzählung mag verdeutlichen - und damit keh-
ren wir zum Ausgangspunkt unserer Betrachtungen zurück -,
daß der schnell erhobene Vorwurf eines (z.B. anthropomorphisierenden) Vorurteils über die psychische Organisation
von Tieren durchaus davon abhängt, welche Aspekte tierischen (und menschlichen) Verhaltens behandelt werden. So
fällt der Versuch, Invarianten im Bereich des kognitiven
Verhaltens nachzuweisen, ganz offensichtlich eher unter
das Verdikt unangemessener Mensch-Tier-Übertragungen als
die Bemühungen, Belege für Invarianten auf dem Gebiet
der sozialen Entwicklung beizubringen.

1.3 Forschungsmotive und Erkenntnisgewinn

"Warum verwendet ein Wissenschaftler seine Zeit, seine
Energien und seine Gefühle auf das Studium tierischen
Verhaltens?" LEHRMAN (1971, in: WICKLER et al., Hrsg.,
1973, S. 45), einer der führenden vergleichenden Psychologen der USA, beantwortet die von ihm gestellte Frage

mit der Erörterung zweier unterscheidbarer Klassen von
Einstellungen, die er als 'behavioristische' und 'natur-
kundliche' kennzeichnet; sie führen zu den oben erwähnten
Richtungen der Modellforschung einerseits, der stammes-
geschichtlich-vergleichenden Forschung andererseits.[1]

Während im ersten Fall Tiere lediglich als Hilfsinstrument
eingesetzt werden, teils aus methodisch-pragmatischen,
teils aus ethischen Gründen, immer mit der Zielsetzung,
allgemeine Gesetze tierischen und menschlichen Verhaltens
aufzustellen, geht es im zweiten Fall darum, Spezifisches
im Verhalten der untersuchten Art ebenso herauszuarbeiten
wie mit verwandten Arten Verbindendes.

In Abweichung von LEHRMANs Klassifikationsvorschlag möch-
ten wir die stärker methodisch orientierten Begriffe 'Modellforschung' und 'Vergleichende Forschung' als Eintei-
lungsgesichtspunkte verwenden, da sie die Zielsetzungen
klarer ausdrücken und die einseitige Bindung an spezielle
erkenntnis- und wissenschaftstheoretische Voraussetzungen,
die mit dem Begriff 'behavioristisch' gegeben ist, entfällt.

So betont KÖHLER (1917) neben dem Interesse an der intel-
lektuellen Kapazität von Schimpansen ausdrücklich den
methodischen Vorteil, komplexe Sachverhalte, wie sie In-
telligenzleistungen darstellen, am einfacher organisierten
Modell zu studieren, ohne im übrigen dem behavioristischen
Ansatz verpflichtet zu sein.

Das eben erwähnte Beispiel zeigt, daß beide Zielsetzungen
nebeneinander existieren können, für den Modellforscher
allerdings ist der Mensch-Tier-Vergleich als methodische
Notwendigkeit zu fordern, da die Abbildungsfunktion des

---

1) Trotz scharfer Auseinandersetzungen über die Interpretation tierischen Verhaltens (vgl. ROTH 1974) faßt
   LEHRMAN hier die historisch durchaus trennbaren Richtungen der vergleichenden Verhaltensforschung und der
   vergleichenden Psychologie zusammen (s. Kap. 1.2), dies
   unter dem Aspekt eines sozusagen 'naiven' Interesses
   an Tieren, das beide Gruppierungen gegen die Modellforschung verbindet und das sich in der Sorgfalt nieder-
   schlägt, mit der die jeweils untersuchte Tierart sowohl
   unter natürlichen wie unter künstlichen Bedingungen
   beobachtet wird.

Modells einer ständigen Überprüfung bedarf (vgl. METZGER
1965, WENDLER, 1965).

Gerade an der Frage der Validität des Modells setzt eine
nicht übersehbare Kritik ein: So bezweifelt FOPPA (1965) -
er sei hier beispielhaft genannt - die Gültigkeit des
transpositionistischen Ansatzes, wenn er schreibt, daß Gesetze, die auf den Verhaltensdaten einer bestimmten Tierart basieren, im günstigen Fall für diese gelten, ihre
Verallgemeinerung die Verhältnisse auf höherem Niveau jedoch nur verzerrt wiedergibt. "Vor die Frage gestellt,
ob eine "richtige", d.h. zutreffende Humanpsychologie einer "richtigen" Ratten- oder Hundepsychologie vorzuziehen
sei, wird den meisten Psychologen die Antwort nicht
schwer fallen." (a.a.O., S. 378).

Man wird die Polemik, die sich in dieser Argumentations-
figur ausdrückt, nicht übersehen, davon unbeschadet bleibt
das Unbehagen, relativ viel vom Verhalten des 'mus norwe-
gicus' und relativ wenig vom Verhalten des 'homo sapiens'
voraussagen zu können.

Ein bisher kaum lösbares Problem ist nun allerdings in
dem Tatbestand zu sehen, daß eine Psychologie ohne Modellversuche an Tieren auf zahlreiche Informationen verzichten oder ethisch zweifelhafte Methoden anwenden müßte. Als
typisches Beispiel sei der Bereich 'Einfluß früher Erfahrungen auf das Sozial- und Leistungsverhalten' genannt
(Sammelreferat GROSSMANN u. GROSSMANN 1969). Der Themen-
katalog ließe sich, vor allem für die Überschneidungsge-
biete von Psychologie und Physiologie, fast beliebig erweitern (z.B. biochemische Gedächtnisforschung, Neuro-
physiologie, Pharmakopsychologie, Stressforschung usw.).
Die Frage 'Ratte oder Mensch' ist daher für viele rele-
vante Probleme der Psychologie zum gegenwärtigen Zeitpunkt falsch gestellt; die Diskussion sollte sich u.E.
stattdessen damit beschäftigen, wie Methoden und Hypothesen der Modellforschung in überzeugender Weise für die
Untersuchung menschlichen Verhaltens nutzbar gemacht
werden können.

So lassen sich die Spezifika menschlichen Lernens wohl
kaum dadurch herausarbeiten, daß man die Skinnerbox den
Abmessungen des 'homo sapiens' anpaßt; in diesem Falle
wird menschliches Verhalten tatsächlich in unzulässiger
Weise auf durch die Versuchsanordnung vorgegebene Ant-
wortklassen reduziert. Diese Kritik äußert GROSSMANN (1967)
übrigens bereits für entsprechende Experimente mit höheren
Säugern.

Eine fruchtbare Transposition tierexperimenteller Befunde
dürfte eine Reflexion über die Zielvorstellungen voraussetzen, die die Tatsache berücksichtigt, daß die Suche nach
der elementaren Verhaltenseinheit oder dem elementaren
Grundgesetz des Verhaltens, aus dem sich alles übrige ableiten ließe, bisher wenig erfolgversprechend war.
FOPPA (1965) empfiehlt in diesem Zusammenhang, die Annahme
einer konstanten Elementarform der Anpassungsprozesse
zugunsten der Hypothese aufzugeben, daß sich diese Prozesse
- bei gleichbleibenden funktionalen Charakteristika - je
nach Organisationshöhe auf unterschiedlichem Abstraktions-
niveau vollziehen, ein Gedanke, den SCHMIDT (1970) mit
dem bereits erörterten Begriff des 'Funktionsschemas'
präzisiert.
Damit mündet Modellforschung für weite Gebiete der Psychologie in Analogieforschug.

Abschließend sei kurz auf die Bedeutung der 'Vergleichenden Forschung' für Fragestellungen der Psychologie eingegangen.[1] Hier bildet die Verhaltensanalyse einzelner Tierarten sowie der Tier/Tier bzw. Tier/Mensch-Vergleich die
Grundlage, um, orientiert am Rahmenkonzept der Evolutionstheorie, Fragen der phylogenetischen Entwicklung des Psychischen zu klären.

Konsequenterweise kann eine Entwicklungspsychologie, die
sich nicht einseitig auf die Darstellung der menschlichen
Ontogenese beschränkt, wohl kaum auf die Befunde zu diesem Problemkreis verzichten.
Darüberhinaus ist das Ausmaß der Plastizität menschlichen
Verhaltens nur vor dem Hintergrund tierischer Reifungs-
und Lernprozesse deutlich zu machen.

---

1) Dies nur insoweit, als nicht bereits unter Kapitel
   1.2 abgehandelt.

1.4   Einordnung des eigenen Beitrages

Die vorliegende Untersuchung knüpft an Fragen der Orientierung in der spezifischen Umwelt an, ein Grundproblem,
das Mensch und Tier miteinander teilen.
Ausgehend von WITTEs Theorie mnestisch stabilisierter
Bezugssysteme (1955, 1960, 1969, 1971; s. auch Kap. 2),
die einen Ansatz bietet, lebensnotwendige, individuell
erworbene Anpassungsleistungen theoretisch und methodisch
anzugehen, soll der Versuch unternommen werden, Hypothesen,
die auf den Verhaltensdaten menschlicher Kinder und Erwachsener basieren und die sich auf die G e n e s e
und die S t r u k t u r   dieser Anpassungsleistungen
beziehen, an höheren Tieren auf ihre Reichweite zu überprüfen. Das heißt, indem wir den Weg des V e r -
g l e i c h s   in stammesgeschichtlich absteigender
Reihe gehen, fragen wir nach strukturellen und funktionalen Invarianten des Orientierungsverhaltens.

2.   WITTEs Theorie der Bezugssysteme als ein Beitrag
     zum Problem der Orientierung

2.1 Bewegung im Raum - Grundform der Orientierung

Die Grundvoraussetzung vergleichender Untersuchungen
bildet das Phänomen der Reizbarkeit, das GLISSON 1672
(nach TEMBROCK 1963) als alle Lebensformen verbindendes
Prinzip entdeckte und schon damls im Sinne der modernen
Biologie interpretierte: der Organismus bedarf der Anre-
gung von außen; er   s u c h t   sie auf.

Mit diesem Aufsuchen optimaler Umweltbedingungen, das
bereits den Einzellern zukommt, ist der einfachste Typ
der Bewegung im Raum gegeben.

Die Weiterentwicklung dieser Fähigkeit geht über gemein-
same Zwischenstufen in zwei Richtungen:

(1) Großräumige Bewegungstypen mit präziser Ausrichtung,
wie sie sich z.B. in den Orientierungsleistungen von
Zugvögeln und Insekten manifestieren.

(2) Kleinräumige Bewegungstypen, deren besonderes Kennzeichen darin zu sehen ist, daß die direkte Ausrichtung
auf ein Ziel (im Sinne der kleinsten Raumdistanz) für
kürzere oder längere Zeit aufgegeben werden kann.

Diese Orientierungsform, die sich nach LORENZ (1967) von
der Topotaxis über die Meisterung von Umwegproblemen[1]
bis zum einsichtigen Verhalten entwickelt hat, ist in
ihrer höchsten Ausprägung durch minimale Bewegungen im
realen Raum (Verinnerlichung: PIAGET, 1947) und Umkehr-
barkeit der Richtungen (Reversibilität: PIAGET, 1947)
charakterisierbar.

---

1) Eine Trennung zwischen der Fähigkeit, Hindernissen aus-
   zuweichen oder in weitverzweigten Labyrinthen die Richtung zu halten und einsichtigen Verhaltensweisen betont
   auch KÖHLER (1917, nach 1963) ausdrücklich.

Der enge Zusammenhang zwischen räumlicher Orientierung und intelligentem Verhalten ist wohl zuerst von KÖHLER formuliert und in einer vergleichenden Untersuchung experimentell überprüft worden:

"Die Erfahrung zeigt, daß wir von einsichtigem Verhalten dann noch nicht zu sprechen geneigt sind, wenn Mensch oder Tier ein Ziel auf direktem, ihrer Organisation nach gar nicht fraglichem Wege erreichen; wohl aber pflegt der Eindruck von Einsicht zu entstehen, wenn die Umstände einen solchen uns selbstverständlich erscheinenden Weg versperren, dagegen indirekte Verfahren möglich lassen, und nun Mensch oder Tier diesen der Situation entsprechenden "Umweg" einschlagen." (KÖHLER, 1917, zit. n. 1963, S. 3)

Dem Zusammenhang zwischen Wahrnehmen und Denken soll hier nicht weiter nachgegangen werden (vgl. dazu KATONA 1940, WERTHEIMER 1957, WITTE 1974); festzuhalten bleibt, daß Orientierung im Raum eine Grundlage (und ein Modell) anderer Orientierungsformen darstellen dürfte, bei Lebewesen mit starker Betonung des Gesichtssinns also die Bewältigung des anschaulich gegebenen Raumes mit seinen Haupterstreckungsrichtungen, Hindernissen und Entfernungen.

2.2 Bewegung in anderen Bereichen - Orientierung und Sprache

Der Begriff Orientierung drückt ursprünglich einen raumzeitlichen Bezug aus. Seine Bedeutung wurde auf Standortbestimmungen in allen möglichen Bezügen erweitert.
Der reale Lebensraum ist für den einzelnen gewöhnlich rasch durchmessen und gut strukturiert; dagegen ist die Festlegung des geistigen Standpunktes langwierig und der Überprüfung weniger zugänglich.
E i n e Möglichkeit der Überprüfung bietet die sprachliche Mitteilung.
Schon eine flüchtige Durchsicht sprachlicher Wendungen zeigt, wie stark Menschen auch bei geistiger A u s e i n a n d e r s e t z u n g am Raum orientiert sind:

Ausdrücke wie 'oben' oder 'unten' sein, markieren über
die räumliche Lage den Ort in einem sozialen System.
Etwas kann 'auf gleicher Ebene liegen', 'tief durchdacht'
sein, den eigenen Gedanken 'sehr nahe kommen' usw.

Die unmittelbare Verständlichkeit dieser Ausdrücke über-
rascht nicht, legt man - doch wohl zu recht - Ähnlichkeit
der wahrgenommenen Welten zugrunde; sie verwundert bei näherer Betrachtung: Angaben wie nah und fern, hoch und
tief bezeichnen Entfernungen, die infolge unterschiedlicher individueller Erfahrungen differieren müssen.

Trotzdem konnte mit zahlreichen Untersuchungen belegt
werden, daß Menschen sich über die Verwendung solcher
Kategorien einig sind, mehr noch, daß die Beurteilung
von Wahrnehmungsgegebenheiten mittels der Sprache zum
Aufbau metrischer Skalen führt (WITTE 1960).

2.3 Die Struktur mnestisch stabilisierter Bezugssysteme

Die Tradierung physikalischer Meßverfahren und Maßein-
heiten mag den Blick dafür verstellen, daß Messen ein
ursprünglicheres Phänomen darstellt als die gebräuchliche
Definition angibt.
Eine Methode, erlebte Ähnlichkeit oder Unähnlichekit zwischen Wahrnehmungsdingen (oder Meinungen) zu messen, ist
in der Kartographierung absoluter Urteile zu sehen, wie
sie WITTE in ausgedehnten Untersuchungen geleistet hat
(1955, 1960a, 1960b, 1966, 1971).
Als Voraussetzungen dieser Art Umweltforschung, die auf
eine metrische Analyse der phänomenalen Welt abzielt,
sind zu nennen:

"Während alle physikalischen Größen auf rein konventionel-
le Nullpunkte und Einheiten der jeweiligen Dimension bezogen sind und nur durch Skalenablesung gewonnen werden,
gibt es 1. als natürliche Nullpunkte sich gebende Erleb-
nisse und überdies 2. Phänomene, die unmittelbare Bereiche
von Größenordnungen innerhalb von Steigerungsreihen be-
inhalten, Phänomene, die nicht nur auf einen Nullpunkt
nicht erst bezogen werden müssen, sondern die sich auch
nicht als auf einen solchen bezogen geben." (WITTE),
1966, S. 1005)

Aus diesen Beobachtungen, zuerst von HERING ('physiologischer Nullpunkt') bzw. MÜLLER und MARTIN ('absolute Eindrücke') beschrieben, ergaben sich Forschungsfragen, die
Jahre später in verschiedenen Richtungen[1] angegangen
wurden:

"1. Wann kommt es je nach Modalität der jeweiligen Mannig-
    faltigkeit und der Streubreite und Häufigkeit ihrer
    Elemente zu absoluten Eindrücken?
 2. Wie verteilen sich diese absoluten Eindrücke auf die
    Mannigfaltigkeit?
 3. Läßt diese Verteilung eine gesetzmäßige (wie gesagt
    nicht mit Vergleichsleistungen und Bezugserlebnissen
    einhergehende) Beziehung zum jeweiligen Nullpunkt er-
    kennen?" (a.a.O. S. 1005)

WITTE führt zur Erläuterung dieser Fragen (und seines eigenen Forschungsansatzes) an:

"Wenn alle Elemente einer bestimmten Mannigfaltigkeit mit
absoluten Eindrücken einhergehen, werden diese weder bezogen, noch geben sie sich bezogen auf ein (konventionelles
oder natürliches) Bezugssystem..., aber diese absoluten
Eindrücke könnten doch, wenn man sie kartographiert,
systematische Beziehungen untereinander aufweisen, ein Ge-
füge von Beziehungen. Ja, dies Beziehungsgefüge könnte sich
vielleicht als tatsächlicher (naheliegendermaßen dann wohl
physiologischer) Funktionszusammenhang und dieser als funktionale Grundlage der absoluten Eindrücke enthüllen und insofern deren zwar nicht phänomenales, wohl aber funktiona-
les Bezugssystem sein." (a.a.O. S. 1005)

Die Struktur dieses Beziehungsgefüges studierte WITTE zunächst an phänomenal gleichabständig gestaffelten Mannigfaltigkeiten von Wahrnehmungsdingen, die durch alltäglichen
Umgang so hinreichend vertraut sind, daß mnestische Stabilisierung ihnen zugesprochener Eigenschaften vorausgesetzt
werden kann.

Versuchsanordnung und Befunde lassen sich an einem Beispiel
exemplarisch schildern:

---

1) Analysen umfangreicher Datensätze führten neben WITTE
   vor allem HELSON, JOHNSON, PHILIP, PARDUCCI und STEVENS
   durch, in jüngster Zeit auch SARRIS.

"Wenn die 85 Töne des Klaviers in bunter Abfolge geboten
von ... 20 Versuchspersonen auf die absoluten Eigenschaften "hoch" und "tief" hin beurteilt werden, zeigt sich,
daß rund die Hälfte der 1700 Einzelurteile auf die Katego-
rie tief, die andere Hälfte auf die Kategorie hoch entfällt. Bei drei Kategorien (hoch, mittel, tief) wird vom
Kollektiv je ein Drittel der Urteile den vorgegebenen Ka-
tegorien zugeordnet. Die Verteilung der Urteile ist derart, daß man von klarer Gliederung in Bereiche sprechen
kann." (HELLER und WITTE, 1961, S. 63)

Diese Verteilungsstruktur der Urteile konnte sowohl bei
weiterer Erhöhung der Kategorienzahl als auch bei Wechsel
des angesprochenen Sinnesgebietes (akustisch, visuell,
haptisch) nachgewiesen werden; die Leistung der Versuchspersonen, eine Steigerungsreihe mit Hilfe verbaler Kategorien in gleichgroße Abschnitte einzuteilen, ist ein
intersensoriell erhärteter Sachverhalt.

WITTE (1960) zieht zur Interpretation der Befunde den Kohä-
renzfaktor erlebter Ähnlichkeit als strukturierendes Prinzip heran. Dieses Prinzip wird zweifach wirksam:

(1) Ähnlichkeit der Gegebenheiten untereinander schließt
     die dargebotene Mannigfaltigkeit zu einem Bereich zu-
     sammen, der gegen Unähnlichkeit abgesetzt ist.

"Einander Ähnliches bildet im Sinne von EHRENSTEIN phäno-
menale Ganzqualitäten und im Sinne von SELZ über die ganze
Seriation der ähnlichen Gegebenheiten hinweg phänomenale
Steigerungsreihen." (a.a.O. S. 236)

(2) Dieser Gesamtbereich ist in sich nicht strukturlos: er
     gliedert sich über die Wirksamkeit der phänomenal her-
     ausgehobenen Endglieder in Sonderbereiche.

"... ein bisher noch nicht erlebter Steigerungsgrad extremer Art muß als solcher durch seine asymmetrische Rand-
ständigkeit ausgezeichnet sein und damit auffallen, als
"außerordentlich", "ungewöhnlich" u. dgl. beeindrucken.
Auf der Folie des bis dahin Erfahrenen bekommt eben ein
derartiger neuer Eindruck ein bestimmtes Gesicht des be-
merkenswerten..."; die Pole der Mannigfaltigkeit springen
heraus.
"Sind sie erst einmal da, so wird ihnen sehr Ähnliches,
wenn es neuerdings erlebt wird, an sie erinnern. Und damit ist der Prozeß der Ausbildung von Polbereichen im
Gange." (a.a.O., S. 245)

Der gleiche Umfang dieser Sonderbereiche ist auf den
linearen Abfall der von Pol zu Pol verlaufenden Ähnlich-
keitsgradienten zurückzuführen, die sich in der Mitte der
phänomenal gleichabständig angeordneten Steigerungsreihe
überschneiden.

Das mittlere Serienglied, durch gleiche Ähnlichkeit zu
beiden Polen ausgezeichnet, wird zur Stelle größter Urteilsunsicherheit. Es bindet ihm Ähnliches an sich und
wird zum Kristallisationspunkt eines neuen, mittleren Bereiches.

WITTE (1960) gibt eine Zusammenfassung dieses Organisa-
tionsprozesses:

"A) Bereichsbildung nach Ähnlichkeit, B) "freie Endglieder"
(im Sinne H. v. RESTORFF) als strukturbetonte Pole, die
i h n e n Ähnliches organisierend an sich ziehen und so
zur Ausbildung von Sonderbereichen führen, C) Ausbildung
einer Unsicherheitsstelle als Zäsur zwischen diesen beiden Sonderbereichen, D) anorganisierende Rolle dieser Unsicherheitsstelle, in dieser Funktion "Mitte" genannt usf..
.." (a.a.O., S. 249).

Dieser Differenzierungsprozeß, der auf der Wirksamkeit wohl-
bekannter Gestaltfaktoren beruht und daher weder an den
Gebrauch der Sprache noch an ein bestimmtes Sinnes- oder
Sachgebiet gebunden ist, legte die Ausweitung des For-
schungsprogrammes in zwei Richtungen nahe:

(1) Überprüfung des Modells, das an der Beurteilung einfacher Wahrnehmungsdinge gewonnen wurde, an Sachver-
halten, deren Einstufen auf dem Ineinandergreifen verschiedenster Erfahrungen basiert (dazu: WITTE 1971).

(2) Überprüfung der genetisch orientierten Theorie der Bereichsbildung an (ontogenetisch und phylogenetisch)
früheren Entwicklungsstufen.

Neben der (inzwischen gut belegten) Annahme, daß die Aus-
differenzierung in immer weitere Sonderbereiche mit dem
Fortschreiten der psychischen Entwicklung einhergeht
(WINKELMANN 1961, 1966; BRÄUER 1971), war die Frage zu
klären, wie weit das unterstellte Organisationsprinzip im
Urteilsverhalten wirksam wird, wenn eine sprachliche Be-
nennung noch nicht oder überhaupt nicht möglich ist.

Dieses Problem wurde von RÖCKER (1965) und FISCHER-FRÖND-
HOFF (1971) mit der Untersuchung von Kleinkindern angegangen, die sich noch auf der Stufe sensu-motorischer Begriffsbildung befinden(PIAGET 1947).
Die Befunde machen deutlich, daß Kleinkinder bei geeigneten Prüfbedingungen zur Ausbildung von zwei Sonderbereichen gleichen Umfangs in der Lage sind (Näheres zu Methodik und Ergebnissen: Kap. 3, 4, 5).

2.4 Fragestellung der Untersuchung

Mit der vorliegenden Arbeit wird an diesen Studien unter
vergleichenden Gesichtspunkten angeknüpft.

Wir stellten folgende Fragen:

(1) Können höhere Tiere (speziell Tauben) Verhaltensweisen
erlernen, die funktional der Verwendung verbaler Absoluturteile entsprechen?

(2) Beziehen sie diese (als gelernt unterstellten) Verhaltensweisen derart auf eine Mannigfaltigkeit von Wahrnehmungsgegebenheiten, daß die resultierende Verteilungsstruktur der Zuordnungen das von WITTE postulierte Theorem
gleichgroßer Kategorialabschnitte erfüllt?

Mit anderen Worten: weist das Kategorisierungsverhalten
der Tiere darauf hin, daß ihre phänomenale Welt - in dem
von uns untersuchten Abschnitt - nach gleichen oder ähnlichen Prinzipien geordnet ist wie die von Kleinkindern?

Mit der vergleichenden Untersuchung dieser Fragen kann
ein experimenteller Beitrag zur Stützung theoretischer
Annahmen geleistet werden, die folgende Probleme berühren:

(1) den Zusammenhang zwischen Entwicklungshöhe und Struk-
turierungsreichtum nmestisch stabilisierter Bezugssysteme
(WITTE 1960, 1971; WINKELMANN 1961, RÖCKER 1965, FISCHER-
FRÖNDHOFF 1971);

(2) die Bedeutung von Bezugssystemen für das Problem der Umweltorientierung (METZGER 1940, WITTE 1969);

(3) den Geltungsbereich von Gestaltgesetzen für die Wahrnehmungsorganisation von Mensch   u n d   Tier (KÖHLER 1933, KATZ 1948, BÜHLER 1960).

3.   Die Untersuchungsbedingungen

3.1 Methodenkritische Vorbemerkungen

Die Zielsetzung vergleichender Untersuchungen, Leistungs-
möglichkeiten und Leistungsgrenzen der beobachteten Tierart zu erfassen und zu Verhaltensformen anderer Tierarten
und/oder menschlicher Versuchspersonen in Relation zu bringen, impliziert bereits die Rahmenbedingungen solcher
Forschungsvorhaben. Hier sind als wesentliche Voraussetzungen zu nennen:

(1) Hinreichende Kenntnis der Bauplanbesonderheiten und
des arttypischen Verhaltensrepertoires;

(2) Aufzucht und Haltung der Tiere unter Bedingungen, die
denen der natürlichen Umwelt angenähert sind, um die Gefahr von Entwicklungsschäden, die durch allzu uniforme La-
borhaltung hervorgerufen werden können, zu vermindern
(vgl. LORENZ 1932, 1961; HERRE 1959; BRELAND a. BRELAND
1961; BARNETT 1963);

(3) Versuchsanordnungen, die der habituellen und aktuellen
Umwelt der jeweiligen Tierart entsprechen und eine exakte
Registrierung der kritischen - gewöhnlich durch Dressur er-
worbenen - Verhaltensweisen gestatten, ohne den Verhaltens-
spielraum von vornherein in unzulässiger Weise einzuengen
(vgl. GROSSMANN 1967).

Diese Aufzählung dürfte verdeutlichen, daß Tierexperimente
unter vergleichendem Gesichtspunkt eine Integration verschiedenster Forschungsbereiche voraussetzen (Ethologie,
Verhaltens- und Sinnesphysiologie, Zoologie und Psychologie), eine zum gegenwärtigen Zeitpunkt fast unerfüllbare
Forderung.
Eine weitere Schwierigkeit betrifft speziell den Ansatz,
aus menschlichem Verhalten abgeleitete Hypothesen an höheren Tieren zu überprüfen:

Wiederholbarkeit und Variierbarkeit der untersuchten Vor-
gänge sind zwei der klassischen Forderungen an die experimentelle Methode (WUNDT 1908, METZGER 1952, TRAXEL 1964).
Sie setzen eine Handhabbarkeit der kritischen Bedingungen
voraus, die ihre Wiederherbeiführung gestattet; ein Problem, das auch bei menschlichen Versuchspersonen nicht
leicht zu lösen ist, sofern "gleich' nicht mit 'identisch
in den äußeren Bedingungen' verwechselt wird (vgl. MITTAG
1955).

Bei vergleichenden Untersuchungen, Variationen unter dem
Aspekt der Entwicklungshöhe, stellt sich dieses Problem in
voller Schärfe.
Eigenwelt und Bedürfnislage von Tieren erfordern Anpassungen, deren Stellenwert nur in Analogieschlüssen festlegbar
ist.

Der Gefahr, daß diese Anpassungen nicht in der gewünschten
Bedingungstransposition sondern in neuen Untersuchungskon-
stellationen resultieren, kann zwar durch Erprobung der
Versuchsanordnung an der Bezugsgruppe begegnet werden, hier
bleibt jedoch zu beachten, daß sich erwachsene Menschen
sehr vielen Verhaltensvorschriften beugen können, ohne daß
die verabredungsgemäß erbrachte Leistung für sie angemessen
oder typisch sein muß (s. Kap. 1.3).
Sind für Grund- und Rückübertragungsversuch allerdings
gleiche Befunde nachzuweisen (s. Kap. 5.1.2), darf man
wohl mit Recht von der Annahme einer gelungenen Bedingungstransposition ausgehen.

3.2 Bestimmende Momente einfacher Wahrnehmungsurteile

Nach SARRIS (1971) werden einfache Wahrnehmungsurteile
menschlicher Erwachsener durch drei miteinander korrespondierende Momente bestimmt:

(1) die dargebotene Reizmannigfaltigkeit
(2) die vom Versuchsleiter vorgegebene Urteilsskala
(3) die spontanen Urteilstendenzen der Versuchsperson.

Dieses auch für Erwachsene etwas grobe Bedingungsgerüst
bedarf für Kleinkinder und Tiere aus verschiedenen Gründen
einer Erweiterung:

1. Vor der Zuordnung einer Mannigfaltigkeit zu einer Urteilsskala liegt hier die Vermittlung der Kategorien und
die Einübung des Zuordnungsverfahrens, der Verhaltensweisen also, die die Sprache ersetzen müssen.

Daß Art und Dauer des Einübungsprozesses, der Versuchsanweisung vergleichbar, das kritische Zuordnungsverhalten
empfindlich beeinflussen, beweisen neben zahlreichen Lern-
versuchen an Tieren und Kleinkindern (LEMKE-PITSCHKE 1970,
MICHELS 1957, MORTON 1968, MURPHY und MILLER 1959 u.v.a.)
die speziell für unseren Untersuchungsgegenstand einschlägigen Studien von RÖCKER (1965) und FISCHER-FRÖNDHOFF
(1971).

2. PIAGET (1947) beschreibt Verhalten als wechselseitigen
Austauschprozess zwischen Subjekt und Außenwelt.

Eine Verhaltensanalyse setzt die Beschreibung des Gesamt-
feldes (LEWIN 1963) voraus, in dem sich der Organismus zur
kritischen Zeit befindet. In diese Beschreibung müssen mit
der gegenwärtigen Organismus-Umwelt-Beziehung auch alle
früheren Erfahrungen eingehen, die den momentanen Bezie-
hungscharakter mitbestimmen.

Die Fähigkeit erwachsener Vpn, von den Begleitumständen
abzusehen und sich auf die geforderte Leistung zu konzen-
trieren, mag dazu verleiten, nur die tatsächlich beabsich-
tigten Bedingungen einer Analyse zu unterziehen; beschränkt man sich darauf, so führen gewöhnlich erst einander widersprechende Befunde zu einer Betrachtung der Gesamtsituation.

Für Untersuchungen zum Urteilsverhalten von Tieren und
Kleinkindern können folgende miteinander korrespondierende
Momente als wesentlich angenommen werden:

(1) Die zu beurteilende Mannigfaltigkeit von Gegebenheiten.

Hierunter fallen die qualitativen und quantitativen Merkmale der kritischen Serie und des gesamten Darbietungs-
rahmens:

(a) angesprochene Sinnesbereiche
(b) biologische Bedeutsamkeit der Reizgrundlagen
(c) kennzeichnende Daten der Seriation: z.B. Umfang
    der Serie auf der Reizskala, Zahl der Serienglie-
    der, Feinabstufung etc.
(d) Wahrnehmungsbedingungen, die durch die Darbietung
    der kritischen Serie mitgegeben sind (z.B. Projek-
    tionsrahmen bei optischen Gegebenheiten etc.)

(2) Die für das Abhandeln der Steigerungsreihe vom Versuchsleiter herbeigeführten Bedingungen

(a) Auswahl der kategorialen Handlungen
(b) Methode und Dauer der Einübung dieser Verhaltens-
    weisen[1]
(c) Art und Dauer der kritischen Versuche
(d) Versuchsleitereinflüsse, die sich aus (d_1) Vorein-
    stellungen des Versuchsleiters (ROSENTHAL 1963, 1964),
    (d_2) dem Umgang mit den Versuchstieren und Kindern
    ('Handling'- und 'Gentling'-Effekte, BERNSTEIN 1957,
    MORTON 1968, GROSSMANN und GROSSMANN 1969) (d_3) unbe-
    absichtigter mimischer Beeinflussung (PFUNGST 1907,
    TIMAEUS 1970) ergeben können.

(3) Die von der Subjekt-Seite in die Versuchssituation
eingebrachten Verhaltenstendenzen

(a) Angeborene Bevorzugungen von
    (a_1) Verhaltensweisen
    (a_2) Reizgegebenheiten (z.B. Auslöser-Nähe der zu be-
        urteilenden Objekte)
(b) Vorerfahrungen im versuchsspezifischen Sinn mit
    Material, Versuchsanordnung, Versuchsleiter

---

1) Neben Imitation und 'Prompting' sind hier die von
   SKINNER, HULL u.a. ausgearbeiteten Methoden des operanten Konditionierens zu nennen.

(c) Vorübergehende Zuständlichkeiten (Motiviertheit,
   Ermüdung, Sättigung etc.)

(d) relativ überdauernde Zuständlichkeiten, wie sie
   sich aus Haltung und Pflege ergeben können.
   (Käfigverblödung: LORENZ 1932, vgl. auch NEUMANN-
   KLOPFER 1969, WÜNSCHMANN 1963; Hospitalismus in mehr
   oder weniger stark ausgeprägter Form bei Kindern:
   SPITZ 1954)

3.3 Die Versuchsbedingungen für Erwachsene und Kinder

Im Rahmen der Untersuchungen zur Struktur mnestisch stabilisierter Bezugssysteme ließen WITTE und Mitarbeiter
erwachsene Versuchspersonen Gegebenheiten des Alltags
nach zwei bis sieben vorgegebenen Kategorien einstufen
(WITTE 1955, 1960, 1966, 1971; HRUSCHKA 1959).

Im Gegensatz zu HELSON (1948) - er arbeitete mit hoher Kategorienzahl und weniggliedrigen Mannigfaltigkeiten - waren umfangreiche, arithmetisch abgestufte Steigerungsreihen einer relativ kleinen Zahl von Kategorien zuzuordnen.

Die ebenfalls von WITTE angeregten Studien zur Genese von
Bezugssystemen bei Kleinkindern (RÖCKER, 1965, FISCHER-
FRÖNDHOFF 1971) sollen in ihrer Methodik näher beleuchtet
werden, da sie Ausgangspunkt (RÖCKER) und Vergleichsgrund-
lage (RÖCKER, FISCHER-FRÖNDHOFF) der vorliegenden Untersuchung darstellen[1].

RÖCKER ließ ein- bis dreijährige Kinder weiße Pappscheiben
verschiedener Größe in zwei Taschen sortieren.

Die wichtigsten Kennzeichen der von RÖCKER verwandten
Steigerungsreihen nennt die folgende Zusammenstellung.
Im unteren Teil der Tabelle ist das von FISCHER-FRÖNDHOFF
benutzte Material aufgeführt.

---

1) Die gleichfalls genetisch orientierten Untersuchungen
   WINKELMANNs (1961, 1966) und BRÄUERS (1971) werden bei
   einer vergleichenden Befundbetrachtung (s. Kap. 5) erörtert.

Autor	Form der abzuhandeln-Muster	Material, Farbe	Größen-Umfang der Serie (Quadratseite bzw. Ø in cm)	Zahl der Serien-glieder	Distanz zwischen den benachbarten Seriengliedern in cm	Zur Einübung vorgegebene Muster-Größen (Ø od. Quadrat-seite)	Zahl der vorgegebenen Zuordnungs-möglichkeiten
Röcker	quadratisch	Pappe, weiß	6-20	15	1	6 und 20	2
	"		3-20	18	1	3 " 20	2
	"		4-14	11	1	4 " 14	2
	kreisförmig		4-14	11	1	4 " 14	2
	"		6-20	15	1	6 " 20	2
	quadratisch		3-11.5	18	0.5	3 " 11.5	2
	"		11.5-20	18	0.5	11.5 " 20	2
	"		1-8	18	0.5	1 " 8	2
	"		1-8	15	1	1 " 8	2
	"		3-20	18	geometrische Progression	3 " 20	2
					geometrische Progression		
					geometrische Progression		
					geometrische Progression		
Fischer-Fröndhoff	kreisförmig	hellgrauer Kunststoff[1]	6-20	15	1	6 und 20	2
	"		6-20	15	1	6 " 16	2
	"		6-20	15	1	10 " 20	2
	"		6-20	15	1	10 " 16	2

Tab. 1: Zusammenstellung der wichtigsten Merkmale der von Kleinkindern abgehandelten Steigerungsreihen

1 Das Gewicht der Platten wurde durch Abstufung des spez. Gewichts konstant gehalten.

Das Material, das im wesentlichen Auge und Tastsinn anspricht, ist für Kinder gut geeignet: es ist leicht hand-
habbar und kommt dem kindlichen Bedürfnis nach Betrachten
und Begreifen entgegen. Der Versuchsleiter kann damit rechnen, daß Neugier und Betätigungsdrang hinreichend zu der
geforderten Leistung motivieren.

Die Zuordnungshandlung wurde dem Verhaltensinventar (aus-
und einräumen) dieser Altersstufe entnommen.

Die Beziehung zwischen Mustergröße und Ort des Einräumens
wurde über Imitationslernen hergestellt[1].

Während der Einübungsphase korrigierte der Versuchsleiter
fehlerhafte Zuordnungen und falsche Bewegungsintentionen.

Die jeweiligen Lernversuche galten als beendet, wenn 10 -
12 richtige Zuordnungen hintereinander erfolgten.

RÖCKERs Untersuchung läßt sich in zwei Abschnitte gliedern: (a) Lernphase (mit den jeweiligen Endgliedern der
Serie als Trainingsmuster), (b) kritische Versuche (Zuordnung der Serie).

FISCHER-FRÖNDHOFFs Kinder konnten in einer vor- oder zwi-
schengeschobenen Spielphase Erfahrungen mit der Mannigfaltigkeit sammeln. Wie sich an den Befunden zeigen läßt
(s. Kap. 5), scheint gerade das eine bedeutsame Veränderung
der Untersuchungsbedingungen zu sein. Weitere Unterschiede,
die die Versuchsanordnung (Beschaffenheit der Behälter)
und den Abschluß der Lernphase (Lernkriterien) betreffen,
sollen hier nur aufgezählt werden; sie werden bei einer
vergleichenden Befundbetrachtung mit erörtert (s. Kap. 5).

Die folgende Tabelle faßt die wichtigsten Versuchsbedingungen (außer den Kennwerten des Versuchsmaterials, s. Tab. 1)
zusammen.

---

1) FISCHER-FRÖNDHOFF arbeitete auch mit 'Prompting',
   in diesem Fall: Führen der Hand.

Autor	Alter und Lebensraum der Kinder	Spielphase	Lernphase			Testphase	Mögliche Lern- bzw. Zuordnungshilfen
			Übungsmuster	Methode	Lernkriterien	Zahl der Durchgänge	
Röcker	1;3 - 2;11 Familie und Tagesstätte		die jeweiligen Endglieder der Serie	Imitation Korrektur	10-12 richtige Zuordnungen	1	In Größe und Material unterschiedliche Behälter
Fischer-Fröndhoff	0;9 - 1;6 Familie und Tagesstätte	Spielerischer Umgang mit Familie und der gesamten Serie	Endglieder bzw. End- und Zwischenglieder der Serie	Imitation Prompting Korrektur	richtige Zuordnung und qualitative Kriterien (Konstanz, Selbstkorrektur, spontanes Einsortieren u.ä.)	1	Gleichgroße durchsichtige Kästen, in denen bereits eingeworfene Kreisscheiben sichtbar bleiben; kreisförmige Öffnungen der Kästen

Tab. 2: Zusammenstellung der wesentlichen Untersuchungsbedingungen von Röcker und Fröndhoff

3.4   Die Bedingungen der Tierversuche

3.4.1   Die Versuchstiere

3.4.1.1 Zur Auswahl der Tierart

Unsere Entscheidung fiel aus verschiedenen Gründen auf Tauben:

(1) Tauben sind wie Menschen ' A u g e n t i e r e ';
ihr ausgezeichneter optischer Apparat ist vielfach untersucht und zeigt - trotz der Unterschiede im Bau - gleiche
und bessere Leistungen als das menschliche Auge (HAMILTON
und COLEMAN 1933, HAMILTON und GOLDSTEIN 1933, GUNDLACH
1933, D.S. BLOUGH 1964, RATCLIFF und BLOUGH 1964).

Die Wahl von 'Augentieren' bietet zwei Vorteile:

(a) Der Aufbau der Versuchsanordnung und die Interpretation der Befunde werden dadurch erleichtert, daß die Wahr-
nehmungswelten von Versuchstier und Untersucher einander
ähneln.
RENSCH bemerkt dazu: "Einigermaßen vergleichbar sind solche Leistungen, bei denen die gleichen Sinne betätigt werden, bei 'Augentieren' also Handlungen, die auf visueller
Wahrnehmung beruhen." (1970, S. 24; vgl. auch LORENZ 1932)

(b) In Übereinstimmung mit den Zuordnungsbedingungen von
RÖCKER und FISCHER-FRÖNDHOFF können Wahrnehmungsgegenstän-
de geboten werden, die bevorzugt das Auge ansprechen.

(2) Tauben verfügen über ein recht gutes Abstraktionsver-
mögen im Sinne von 'Realabstraktion' (KOEHLER 1937 und
1956, ARNDT 1939, ZEIER 1966, 1967), eine unerläßliche
Voraussetzung für das Erlernen kategorialen Handelns.

(3) Ihre Eignung für Lernversuche ist hinreichend er-
probt,

(4) ihre Haltung unproblematisch.

3.4.1.2 Zum Ethogramm der Tiere

Wie eine vergleichende Studie an Felsen- und Haustauben
zeigt (HEINROTH u. HEINROTH 1949), stimmen die Verhaltensweisen der domestizierten Form bis in feinste Äußerun-

gen mit denen der Stammform überein; der einzige Unterschied betrifft die Anzahl der Bruten pro Jahr: Haustauben sind, wie viele unter Überflußbedingungen lebende
Tiere, sexuell aktiver und vermehren sich zahlreicher.

Tauben sind sozial lebende Tiere mit einer relativ labi-
len Rangordnung. Kämpfe werden um Nist- und Ruheplätze
ausgetragen, Futterneid ist nur bei ausgesprochen hungri-
gen Tieren und erschwertem Zugang zur Futterstelle zu
beobachten (DIEBSCHLAG 1940, HOPP 1971, STEINZEN 1971).

Die von HEINROTH und HEINROTH beschriebenen arteigenen
Droh-, Kampf- und Unterlegenheitsgebärden zeigten sich
bei unseren Tieren sowohl in der Freivoliere wie im Versuchskäfig. Sie lassen sich u.a. als Indikatoren für die
Sicherheit der Wahlen verwenden (s. Kap. 5).

Eine Zusammenstellung dieser Verhaltensweisen bringt
Tab. 3.

Betteln	–	Jungtiere schlagen mit den im Hand-gelenk gebeugten Flügeln
Demutsbewegung	–	leichtes Zittern von Schwanz und Flügeln, bei großer Erregung: grobe Flügelzuckungen
Kämpfen	–	Hiebe mit Schnabel und Flügelbugen (Tauber) Zustürzen auf den Feind (Jungtiere, Täubin)
Drohen	–	Aufblasen des Kropfes, Hochaufrich-ten des Vorderkörpers, Schnabelknap-pen[1] (Nestlinge)
Drücken	–	Verhalten von Nesttauben bei Bedro-hung von oben

Tab. 3: Zusammenstellung einiger arteigener sozialer
Verhaltensweisen

1) Nestlinge reagieren auf bedrohliche Situationen mit
einem geräuschvollen Zuklappen der Schnabelhäften.

In welcher Weise sozialer Rang und Lernleistungen miteinander korrespondieren, bedarf nach widersprüchlichen Befunden noch einer Klärung (DIEBSCHLAG 1940, SCHULTE 1970, HOPP 1971, STEINZEN 1971).

Gut gesichert scheint der Tatbestand zu sein, daß rangtiefe Tiere während der Lernphase und bei Prüfung schwieriger Muster in stärkerem Maße Demuts- und Fluchttendenzen zeigen als ranghohe; dabei ist die Qualität der geforderten Leistung nicht vermindert.

Im Gegensatz zu Hühnervögeln verwenden Tauben die Füße weder zum Festhalten noch zum Scharren. Das Aufnehmen und Traktieren von Gegenständen besorgt der Schnabel, gekämpft wird mit Schnabel und Flügelbugen.

Dem Schnabel eignen also - mit aller Einschränkung - Funktionen der menschlichen Hand; den Flügeln, homologes Organ zur Hand, kommt diese Bedeutung nur im sozialen Bereich zu (Kämpfen, Betteln, Demutsgebärde).

Tauben sind lichtaktive Tiere; bei Dämmerungsbeginn suchen sie ihre Ruheplätze auf, die sie, von groben Störungen abgesehen, erst im Morgenlicht wieder verlassen. Hohe Temperaturen schränken die Aktivität allerdings auch bei Sonnenlicht ein.

3.4.1.3 Haltung der Tiere

Die Versuchstiere (Deutsche Trommler) wurden als halbjährige Schlaggenossen von einem Münsterländer Züchter übernommen.
Sie lebten bis zum Versuchsbeginn in der Freivoliere des Instituts, die, mit Sitzstangen und Kästen, Badeschüssel und Trinkgefäß versehen, so hinreichend Raum bot

(2.5 x 5 x 2 m), daß das übliche Verhaltensrepertoire
entfaltet werden konnte.

Gefüttert wurde ein mit Taubengrit versetztes Körnerge-
misch, ein Taubenstein stand zur freien Verfügung.

Bei Versuchsbeginn waren alle Tiere ausgewachsen, ihr Alter
variierte zwischen 9 und 18 Monaten.

Die Tauben wurden einzeln in kleine aus Holz und Maschen-
draht gefertigte Wohnkäfige gesetzt. Die ersten Wochen
dienten der Eingewöhnung in die neue Situation. Darüberhinaus wurde das Lieblingsfutter und die individuell benötigte Nahrungsmenge bestimmt.

Simultane Mahrfachwahlen mit 4 Körnersorten (Mais, Weizen,
Gerste, Wicken) wiesen Wicken und Weizen als beliebtestes
Futter aus, Gerste wurde nur notfalls gefressen, Mais be-
reitete der kurzschnäbligen Rasse Schwierigkeiten bei der
Aufnahme.

Als Belohnungsfutter wurden daher Weizenkörner (für die
Trainingsphase) und Wickensamen (für die kritischen Versuche) gewählt.

Die Nahrungsmenge wurde individuell dosiert. Alle Tiere
erhielten pro Wahl die gleiche Futtermenge (3 Körner;
vgl. MICHELS 1957), die Differenz wurde nachgefüttert. Um
eine gleichbleibende Phase des Futterentzugs zu garantie-
ren, wurde die Futterschüssel nach kurzer Zeit wieder aus
dem Wohnkäfig entfernt (22 Std. Futterentzug).

Diese Methode bietet zwei Vorteile:
Ein extremer Hungerzustand wird ebenso vermieden, wie die
täglichen Manipulationen (Greifen und Wiegen), die im
Interesse der Konstanthaltung des Körpergewichts zwar üb-
lich sind, für Fluchttiere jedoch recht belastend sein
können.

Um die aktiven Phasen der Tauben auszunutzen, wurden die
Versuche in den späten Vormittags- und frühen Nachmittags-
stunden durchgeführt (vgl. ASCHOFF 1959, BECKER-CARUS 1970).

3.4.2   Die Versuchsanordnung

3.4.2.1   Die Versuchsapparatur

Die Versuchsapparatur sollte die Darbietung optischer
Reizgegebenheiten und die Ausführung von Wahlhandlungen
unter Benutzung des Schnabels gestatten. Wie bei den
Kinderuntersuchungen lag es nahe, für die Kategorien
Entsprechungen in der räumlichen Anordnung zu schaffen.
Da uns nicht nur die Zuordnung, sondern auch das voran-
gehende oder begleitende Verhalten interessierte - damit
im Zusammenhang stehend die benötigte Zeit -, wurde das
Lerngerät so gebaut, daß sich die Taube bei jeder Darbie-
tung erneut annähern mußte[1] (nach MUNN 1931, HERMANN 1958).

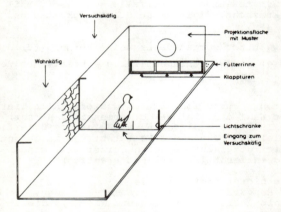

Abb. 1   Schnitt durch Wohn- und Versuchskäfig aus dem Blickwinkel der Taube. Hinter dem Versuchskäfig befinden sich
Projektor, Zeitmessungsgeräte und der Versuchsleiter.

---

1) Darüberhinaus entspricht eine Versuchsanordnung, die ein
   Fixieren der Muster von einem entfernteren Punkt aus gestattet, der Leistungsfähigkeit des - im Vergleich zum
   Menschen - weitsichtigen Taubenauges (GUNDLACH 1933)
   eher als die übliche Skinnerbox.

Für die Lern- und Testphase wurde der Wohnkäfig mit einer
Versuchskammer verbunden, die das Tier nach Öffnen einer
13 cm breiten Zugtür betreten kann. Frontalparallel zum
Eingang liegt die diffus beleuchtete Musterwand (32 x 32 cm)
mit leicht beweglichen Klapptürchen im unteren Drittel
der Fläche, die, mit dem Schnabel aufgestoßen, eine Fut-
terrinne freigeben (Abb. 1 und Abb. 2).

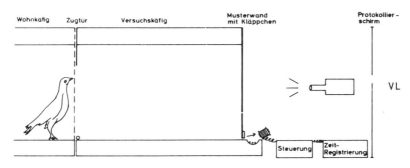

Abb.2 : Längsschnitt durch die Versuchsanordnung

Da Untersuchungen zum raltiven Urteil mit einem zweitüri-
gen Lernapparat (Abb. 3) erbracht hatten, daß Tauben bei
eng beieinanderliegenden Musterpaaren spontan in die fest-
stehende Mitte zwischen die beiden Kläppchen pickten
(CASTRUP 1970, HOPP 1971), wurde das Gerät für die Hauptversuche zum absoluten Urteil mit drei gleichartigen Türen
ausgestattet, die die ganze Breite der Musterwand einneh-
men.

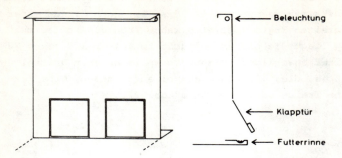

Abb. 3: Vorder- und Seitenansicht der ersten Musterwand

Die auf der Rückseite mit Metallplättchen versehenen Türen
werden bei leichtem Druck von kleinen Elektromagneten an-
gezogen. Sie lassen sich - für die Tiere unsichtbar -
fixieren.

Das Material der Musterwand (aufgerauhtes Plexiglas) gestattet eine Projektion der Reizgegebenheiten vom Proto-
kolltisch aus. Der Projektor wurde mit konstanter Blenden-
einstellung benutzt.

Ein beweglicher Spiegel über dem mit einer Glasplatte ver-
schlossenen Versuchskäfig ermöglicht die Erfassung des
Verhaltens[1].

Mittels Lichtschranken in Gang gesetzte Meßgeräte nehmen

(1) die Zeit vom Betreten des Versuchskäfigs bis zur ge-
lungenen Öffnung des gewählten Türchens (Durchlaufen der
Lichtschranke im Eingang des VK ⟶ Anschlag der Tür am
E-Magnet.

(2) die Zeit vom ersten Schnabeldruck gegen das gewählte
Türchen bis zur gelungenen Öffnung (Lichtschranke hinter
den Türchen ⟶ Anschlag am E-Magnet)[2].

---

1) Während der kritischen Versuche wurde hinter einem
   Schirm mit Augenschlitz protokolliert. Kontrollversuche
   mit Versuchsleitern, die den Zweck der Untersuchung
   nicht kannten, zeigten, daß Einflüsse im Sinne des
   Rosenthal-Effektes vernachlässigt werden können.

2) Geübte Tauben öffnen die Türchen mit einem einzigen
   Schnabelhieb. Uns interessierte, ob schwierige Zwischengrößen mit zögerndem, gehemmten Picken zugeordnet werden
   der Abnahme der 'Reaktionsstärke' bei Generalisations-
   experimenten vergleichbar.

Die Öffnungszeit (ÖZ) ist also der letzte Abschnitt der
Zuordnungszeit (ZZ) pro Durchgang.

Die Projektion der Muster verlangte einen abgedunkelten
Versuchsraum. Die Beleuchtung der Apparatur wurde so angelegt, daß Hin- und Rückweg der Tiere durch ein gleichsinnig verlaufendes Helligkeitsgefälle unterstützt wurde.
Die Taube trat in den helleren Versuchskäfig, nach Wahl
und Futteraufnahme wurde die Musterwand dunkel, während
die Schwelle des Versuchskäfigs und der Wohnkäfig erleuch-
tet blieben.

Zur Vermeidung unvorhergesehener akustischer Störungen,
die Vögel stark beeinträchtigen, wurde mit einem konstanten Geräuschpegel (weißes Rauschen) gearbeitet.

3.4.2.2   Das Versuchsmaterial

3.4.2.2.1 Zum Problem der biologischen Relevanz

Wie Untersuchungen arteigenen Verhaltens zeigen, entwickeln
Tiere in ihrer biologischen Umwelt Ansätze kategorialen
Handelns.

Was sich zum Fressen, Eintragen, Bebrüten eignet, ist
durch Schemata (v. UEXKÜLL 1909, LORENZ 1937, 1938), festgelegt, denen bestimmte Merkmale oder Markmalskombina-
tionen von Objekten der Außenwelt entsprechen (Schlüssel-
reize, TINBERGEN 1952). Sie werden mit den passenden arteigenen Verhaltensweisen beantwortet.

Attrappenversuche zeigen darüberhinaus, welche Variationen
der Merkmale zugelassen werden, welche nicht (TINBERGEN
und KUENEN 1939, TINBERGEN und PERDECK 1950, LORENZ 1938,
PETERS 1953).

Hier handelt es sich also um vorfindbare Zuordnungen von
Reizkonstellationen der Umwelt und arteigenen Verhaltensweisen.

So rollt eine Graugans nicht nur neben dem Nest befindli-
che Gänseeier, sondern auch andere Objekte mit glatter

Oberfläche ein (Würfel, Zylinder), knabbert die Gegen-
stände jedoch an, sobald die Oberfläche eine kleine Er-
hebung zeigt.
Innerhalb kurzer Zeit kann sie lernen, welche Attrappen
unbefriedigende Objekte sind, und sich von ihnen abwenden
(nach LORENZ 1938).

Es lag aus verschiedenen Gründen nahe, die eigenen Versuche an den Methoden der Attrappenforschung zu orientie-
ren:

(1) Die einschlägigen Verhaltensweisen brauchen nicht er-
lernt zu werden,

(2) die dargebotenen Objekte besitzen für das Tier einen
positiven Aufforderungscharakter.

(3) Eine stabile Verankerung im Gedächtnis der Art und/
oder des Individuums ist anzunehmen.

Die Messung der Auftretenshäufigkeit und Intensität von
Instinkthandlungen setzt allerdings eine sehr genaue
Kenntnis des arteigenen Ethogramms voraus. Nur dann kann
- neben der Wirkung äußerer Bedingungen - der Einfluß in-
nerer Faktoren kontrolliert und in seiner Bedeutung für
das Verhalten abgeschätzt werden.

Gegen diese Anknüpfung an genetisch fixierten und/oder
durch frühe Prägung entstandenen Zuordnungen in einem
ersten Erkundungsversuch zur Struktur von Bezugssystemen
sind zudem in der Sache selbst liegende Gründe anzuführen:

(1) Die dem AAM entsprechenden Merkmale oder Merkmalskom-
binationen von Objekten der Umwelt sind sowohl durch Ein-
fachheit wie Unwahrscheinlichkeit in der Zusammenstellung
gekennzeichnet (LORENZ 1937).
Das Ansprechen auf Variationen in einer einzigen oder meh-
reren gleichmäßig ausgebreiteten Dimensionen wäre biolo-

gisch wenig sinnvoll, da es, vor allem bei artverwandten
Tieren, die Schlüssel-Schloß-Funktion in Frage stellt.
Eine Analyse der Wirkung von Auslösern entspricht daher
nur im Grenzfall einer Untersuchung eindimensionaler Bezugssysteme.

So tragen Tauben einzelne Ästchen als Nistmaterial ein und
verfertigen daraus ein kunstloses Nest. Man kann annehmen,
daß Material bestimmter Länge, Dicke und Festigkeit bevorzugt wird, wobei die Grenze u.a. durch die Traktierbarkeit
mit dem Schnabel festgelegt sein dürfte (vgl. PETERS 1953).
In welchem Maße diese Merkmale eine Rolle spielen und/oder
sich andere Eigenschaften des Materials geltend machen
(z.B. Figuraleigenschaften der Äste, aber auch Farbe, Ge-
ruch, Oberflächenbeschaffenheit), ist noch unbekannt.

(2) Die Schlüssel-Schloß-Beziehung (LORENZ 1937) bedingt
Bevorzugungen bestimmter Ausprägungsgrade der Reizgegebenheiten.
Die Ausbildung gleichgroßer Ähnlichkeitsbereiche zwischen
einer besonders ansprechenden und einer nicht mehr ansprechenden Gegebenheit wäre als Spezialfall, nicht als
allgemeines Strukturierungsprinzip denkbar.

Unter der Voraussetzung konstanter Antriebsstärke muß eine
kurze Phase der Materialerprobung ausreichen, um festzu-
legen, welche Objekte eine befriedigende Zuwendung gestatten.
Danach sind stabile Zuordnungen zu erwarten, deren Verteilungsstruktur durch Bevorzugungen einerseits, Abwendungen
und Umschlagreaktionen[1] andererseits bestimmt ist[2].

Das extrem erweiterte Auslöseschema (bis zur 'Leerlauf-
reaktion') bei Schwellenerniedrigung und die spezifische
Einengung bei Schwellenerhöhung zeigt, mit welcher Dynamik gerechnet werden muß.

(3) Die Prüfung neu erlernter Zuordnungen bietet die Möglichkeit, Bezugssysteme in ihrer Entstehung zu untersuchen.

---

1) Diese Annahmen sind durch die Versuche von LORENZ (1938)
   und PETERS (1953) gut belegt.

2) Systematische Untersuchungen spontaner Kategorialhand-
   lungen stehen noch aus.

3.4.2.2.2 Beschreibung der verwandten Mannigfaltigkeiten

Als Versuchsmaterial dienten zunächst helle Metallquadrate
(1 mm dick), die mittels eines kleinen Magneten an die
dunkle Musterwand geheftet wurden.

Da quadratische Formen in der biologischen Umwelt von Tauben nicht nur neutrale, sondern ungewohnte Reizgegebenheiten darstellen, wurde in den Hauptversuchen mit Vollkrei-
sen gearbeitet, die auf die Musterwand projiziert wurden.

Die Annahme, daß Kreisflächen ansprechendere Formen darstellen, läßt sich aus verschiedenen Gründen stützen:

Das Auge, nach KOENIG (1970) bevorzugtes Objekt sozialer
Wahrnehmung, betont bei Tauben die kreisrunde Form. Eier,
Küken und Futterkörner besitzen rundliche Konturen.

Die Wahl runder Formen erfüllt u.E. die Bedingung von At-
traktion einerseits, Neutralität andererseits, die Lernen
ohne allzu einseitige Festlegung motivieren kann.

Die abstrakte Darbietungsform (Dias, Hauptversuche) schloß
das bei Vögeln übliche Erkundungsverhalten mit dem Schnabel aus (vgl. WÜNSCHMANN 1963).

Transpositionsversuche mit dreidimensionalen Gebilden
(s. Abb. 4,5 und 6) zeigten, daß die Möglichkeit einer
A u s e i n a n d e r s e t z u n g   mit den zu beurteilenden Objekten die Lern- und Zuordnungsleistung verbessert.

Taktile Erfahrungen und die Erfassung räumlicher Relationen liefern Zusatzinformationen, die die Einordnung der
Gegebenheiten erleichtern.

Abb. 4: Holzwürfel, Kantenlänge 2 bis 8 cm

Abb. 5: Würfel vor der Musterwand

Abb. 6: Drahtwürfel

Eine Zusammenstellung der wichtigsten Kennzeichen der
Serien bringt Tab. 4.

Form der abzuhandelnden Muster	Material Farbe	Größenumfang der Serie (Quadratseite bzw. Ø in cm)	Zahl der Serienglieder	Distanz zw. den benachbarten Gliedern in cm	Zur Einübung verwandte Mustergrößen	Zahl der trainierten Zuordnungsmöglichkeiten
quadratisch	helle Metallplättchen	1.0-10.0	10	1.0	1.0 und 10.0 cm	2
quadratisch	Dias	2.0- 8.0	7	1.0	2.0 und 8.0 cm	2
kreisförm.	Dias	3.0-18.0	16	1.0	3.0 und 18.0 cm	2
kreisförm.	Dias	3.0-18.0	11	1.5	4.5 und 18.0 cm	2
kreisförm.	Dias	4.5-18.0	10	1.5	4.5 und 18.0 cm	2
würfelförm.	hell gestrichenes Holz	2.0- 8.0	7	1.0	2.0 und 8.0 cm	2
würfelförm.	hell gestrichene Drahtgerüste (Grundflächen)	5.0 cm²-65.0 cm²	7	10 cm²	5.0 und 65.0 cm²	2

Tab. 4: Zusammenstellung der wichtigsten Merkmale der von Tauben abgehandelten Steigerungsreihen

3.4.3 Der Versuchsplan

Die Untersuchung läßt sich in vier Abschnitt gliedern:

1. Adaptation an den Wohnkäfig
2. Adaptation an den Versuchskäfig
3. Trainingsphase
4. Kritische Versuche

ad 1. Gewöhnung an den engen und anregungsarmen Wohnkäfig.
Bestimmung der individuell benötigten Nahrungsmenge und
der Futterbevorzugungen. Dauer: ca. 2 Wochen.

ad 2. Erkundung des täglich für mehrere Stunden frei zu-
gänglichen Versuchskastens. Die nahrungsdeprivierten Tiere
lernten das Öffnen der deutlich beköderten Kläppchen. Nach
einigen Übungstagen wurde der Versuchskasten ohne Scheu
betreten und die Öffnungstechnik war so weit ökonomisiert,
daß mit dem Training begonnen werden konnte.

Da die mittlere Tür einer etwaigen spontanen 'Weder-Noch-
Reaktion' während der Testversuche vorbehalten sein sollte,
blieb sie bis zum Beginn der kritischen Versuche fixiert.

ad 3. Das Training nach der Methode des operanten Konditionierens (SKINNER 1938) diente dazu, die Endglieder
der Hauptserie zu Signalen für zwei gleichartige, an verschiedenen Orten stattfindenden Tätigkeiten werden zu lassen.
Die Tiere lernten also, Mustergröße und Pickort einander
zuzuordnen.
Da die Dressur von den in der Literatur beschriebenen Formen abweicht (PAWLOW 1903, BLOUGH und BLOUGH 1964, MOSTOFS-
KY 1965, HONIG 1966, GILBERT u. SUTHERLAND 1969, HOLLAND
u. SKINNER 1971, ANGERMEIER 1972), soll sie im Vergleich
zu den üblichen Verfahren analysiert werden.

---

1) Zahlreiche Untersuchungen zum Einfluß der Aufzuchtbe-
dingungen auf Lernleistungen und Sozialverhalten von
Tieren (GIBSON und WALK 1956, Sammelreferat bei GROSS-
MANN und GROSSMANN 1969, NEUMANN und KLOPFER 1969) weisen auf die Bedeutung von Käfiggröße und -ausstattung
hin. Da unsere Tiere unter für Haustauben normalen Bedingungen aufwuchsen, ließ sich der Deprivationszustand
für die Versuche nutzen, ohne daß nachteilige Wirkungen
zu befürchten waren.

Einfache Wahrnehmungsurteile von Tieren, ihre Fähigkeit
zur Abstraktion und Transposition, werden gewöhnlich mit
folgenden Anordnungen[1] überprüft:

(a) Verhaltensweisen, durch 'Learning by trial and error
and success' (THORNDIKE 1898) - auf der Grundlage angebo-
rener Verhaltensmöglichkeiten - erworben, werden an das
Vorhanden- oder Nichtvorhandensein bestimmter Wahrnehmungsbedingungen geknüpft.
Nach Erreichung eines festgelegten Lernkriteriums wird
die Reaktion auf eine oder mehrere ähnliche Reizkonstellationen in einem Frequenz- und/oder Latenz-Kontinuum gemessen.

Mit diesen Anordnungen wird dem seit PAWLOW (1903) experimentell nachgewiesenen Tatbestand der primären Generalisation Rechnung getragen: das gelernte Signal wird in
seiner Bedeutung verallgemeinert, seine Auslösefunktion
auf ähnliche Gegebenheiten erweitert.

(b) Häufiger wird eine Anordnung verwandt, die zur Unterscheidung von Reizgegebenheiten zwingt. Das Tier lernt
über das Vehikel einer dem Deprivationszustand entsprechenden Belohnung das z.B. größere oder hellere Muster eines
Paares zu wählen.

Nach Erreichung des Lernkriteriums wird die Reaktion auf
andere Musterpaare überprüft (Fehler-%, Latenz-Zeit).

Dieser Versuchstypus dient der Erfassung der Leistungsfähigkeit von Sinnesorganen einerseits, dem Nachweis allgemeiner Strukturfunktionen und Vorformen menschlicher Be-

---

1) Anordnungen, die komplexere Unterscheidungs- und Ab-
   straktionsleistungen provozieren ('reversal learning',
   'Wahl nach Muster', 'oddity-Probleme', 'learning-set',
   sequentielles Lernen, Konditionale Diskrimination),
   werden dabei nicht berücksichtigt (vgl. KAMINSKI 1964,
   ANGERMEIER 1972).

griffsbildung andererseits (KINNAMANN 1902, LASHLEY 1916, KÖHLER 1917, PATTIE u. STAVSKY 1932, KLÜVER 1933, HARLOW 1949, vgl. auch FOPPA 1968, KAMINSKI 1964).

Dabei spielt die raum-zeitliche Anordnung der zu beurteilenden Objekte eine Rolle; sukzessive Darbietung gilt bei ähnlichen Gegebenheiten als eine erschwerende Bedingung, fördert aber gleichzeitig die Beachtung der absoluten Merkmale des jeweiligen Positivmusters (BITTERMANN u. WODINSKY 1953, McCASLIN 1954).

Da wir Gegebenheiten im Medium absoluter Urteile zuordnen lassen wollten, war

(1) die Einzeldarbietung der Wahrnehmungsobjekte

(2) die Gleichwertigkeit der als Trainingsmuster verwandten Endglieder der Serie zu sichern, d.h. statt einer differenzierenden Musterbelohnung wurde mit einer Belohnung jeden Musters an zu differenzierenden Orten gearbeitet. Das Tier lernt über die Zugänglichkeit der einzelnen Kläppchen die Muster zu beachten, sie nach den wesentlichen Parametern einzuschätzen und diese Einschätzung auf einen Ort, bei abgeschlossener Dressur auf einen Weg[1] zu beziehen.

---

1) Die gelungene Zuordnung läßt sich am Verhalten ablesen: Nach Öffnung der Zugtür schlägt die Taube sofort den richtigen Weg ein; erst bei Prüfung schwieriger Zwischengrößen zeigt sich erneut ein Abweichen von dieser Handlungsgestalt.

Eine schematische Darstellung der wichtigsten Phasen des
Trainings zeigt Abb. 7

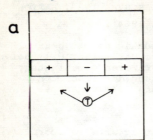

Die beköderten Türchen bekommen für die nahrungsdeprivierte
Taube (T) einen positiven Aufforderungscharakter.

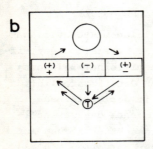

Das bei Darbietung des großen
Kreises zugängliche Kläppchen
wird bevorzugt.

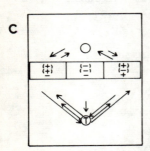

Das bei Darbietung des kleinen
Kreises geöffnete Türchen erhält allmählich stärkere positive Valenzen.

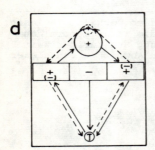

Die Dressur ist abgeschlossen,
wenn bei Zufallswechsel der
Muster eindeutige Kräfteverhält-
nisse bestehen; die Kreise werden zu Anweisern für die verschiedenen Wege und Pickorte
(Doppelter Appetenz-Aversions-
Konflikt, vgl. LEWIN 1931).

Im Vergleich zu üblichen Generalisations- und Transposi-
tionsexperimenten[1] lassen sich folgende Unterschiede herausstellen:

(1) Jedes Tier lernt beide Endglieder der Serie zuzuordnen (vgl. dagegen GRICE 1948, 1949, GRICE u. SALTZ 1950).

(2) Eine unmittelbare Positiv-Negativ-Differenzierung des
Trainingsmusterpaares ist nicht gegeben.

(3) Jedes Tier handelt alle Zwischengrößen der Hauptserie
ab.

Einige Bemerkungen zur Versuchstechnik:
Der bei sehr ähnlichen Reizgegebenheiten als einfachste
Wahlhandlung in Konfliktsituationen auftretenden Seitenstetigkeit wurde mit einem dressurgemäßen Seitenwechsel
begegnet (MONTGOMERY 1952, vgl. HERMANN 1958, LEMKE-PITSCH-
KE 1970); nach Erreichung einer Trefferquote von 80 % wurde mit vorbestimmten Zufallswechsel ohne Viererfolgen gearbeitet (SCHULTE 1970, LEMKE-PITSCHKE 1970).

Da die Fehlerwahrscheinlichkeit aufgrund der schwierigen
Zuordnungsleistung sehr hoch war, wurde zur Vermeidung
experimenteller Neurosen eine Korrektur der Wahl zugelassen (HULL u. SPENCE 1937, HERMANN 1958), d.h. jeder Ver-
suchdurchgang brachte dem Tier eine Belohnung am richtigen Kläppchen.

Nach einer Phase der Einübung, in der jede Taube die Zahl
der Durchgänge individuell bestimmte, wurden täglich 50
Versuche absolviert; der Zeitbedarf betrug - je nach per-
sönlichem Tempo - ein bis zwei Stunden. Mit Erreichen des
Lernkriteriums (Trefferquote 100 % an drei aufeinander-
folgenden Versuchstagen) sank der Zeitbedarf auf eine
Mindestdauer von etwa 50 Minuten, die sich aus der Bedie-
nung der Apparatur, Versuchs- und Protokollierungszeit
ergaben.

---

1) Einige Entsprechungen lassen sich zum 'multiple-re-
   sponse-discrimination-paradigma' finden (vgl. RISLEY
   1964, CATANIA 1966, MIGLER u. MILLENSON 1969). Hier
   wird zum Aufbau inkompatibler Verhaltensweisen allerdings mit differenzierenden Verstärkungsplänen
   gearbeitet.

Das Lernziel wurde - bei beträchtlicher Streubreite
(1270-1980) - in durchschnittlich 1600 Versuchen erreicht,
sofern die Reizgegebenheiten Flächen waren; bei Andressur
auf Würfel wurde nur ein Drittel der Durchgänge benötigt.
Das strenge Lernkriterium (100 %) wurde unter der Annahme
gesetzt, daß nur ein sicheres Beherrschen der Zuordnung
der großen und kleinen Reizgegebenheiten zu den festgelegten Pickorten ein adaequates Abhandeln der Zwischenglieder
der Mannigfaltigkeit ermöglicht; im Vergleich zum Human-
versuch eine Rückversicherung, daß die Aufgabenstellung
verstanden wurde.

Befunde zum Problem des 'overtraining' weisen darauf hin,
daß über 'primäre Generalisation' hinausgehende Abstrak-
tionsleistungen, die sich als Vorformen der Begriffsbildung verstehen lassen (KOEHLER 1937, RENSCH 1970), in ihrer Güte mit dem Grad der Beherrschung der Grundmuster
kovariieren (MANDLER 1966, MANDLER u. HOPPER 1967, MANDLER
1968, LEMKE-PITSCHKE 1970).

Im übrigen zeigt die Analyse des Verhaltens, daß gerade
die Etappe zwischen 80 und 100 % Treffern eine Verbesserung
der Zuordnungshandlungen im Sinne eines 'glatten Verlaufs'
bringt:
Zögerndes und ausweichendes Hin und Her verschwindet zugunsten einer Handlungsgestalt, die durch Zielstrebigkeit
und Ökonomie gekennzeichnet ist.

ad 4. Während der kritischen Versuche - Darbietung der
Hauptserie in Zufallsfolge - waren alle Türchen zugänglich und bis auf die mittlere beködert[1]. Da Doppelbeköderung leicht zu Seitenstetigkeit oder Dressurumkehrung

---

1) Auf eine Beköderung der mittleren Tür wurde verzichtet,
um sie nicht zum bequemsten Wahlort für alle Zwischenstufen werden zu lassen. Uns interessierte, ob dieser
Pickort als 'ultima ratio' im Sinne eines ausweglosen
'Weder-Noch' gewählt wird, obgleich die Andressur ihn
eher aversiv werden ließ und obgleich diese Entscheidung nicht belohnt wird. Variationen der Bedingungen
der Mittenwahl stehen allerdings noch aus.

führt, wurde die Zuordnung der Pole vor jeder Testreihe
in einer Zehnerfolge abgefragt (RÖCKER 1965, SCHULTE 1970).
Zur Beruhigung von Tieren, die eine Belohnung am falschen
Ort verwirrt hat, wurde eine konstante Pausenzeit von
30 sec. eingehalten (vgl. KATZ u. REVESZ 1908).
Als vollzogene Entscheidung galt - wie in der Lernphase -
die Berührung eines Türchens mit dem Schnabel.

Im Anschluß an Untersuchungen zum relativen Urteil (HOF-
MANN 1969, CASTRUP 1970, ZOEKE 1970, HOPP 1971) und die
ausgedehnte Dressur ließen sich Verhaltenskategorien zu-
sammenstellen (s. Kap. 5), die als qualitatives Maß der
Sicherheit protokolliert wurden.

Als Zuordnungskriterien wurden erhoben:

(1) der Pickort (rechte, linke, mittlere Tür)

(2) die Zuordnungszeit (ZZ)

(3) die Öffnungszeit (ÖZ)

(4) das Verhalten

Nach Prüfung der Hauptserie wurde mit Bedingungsvariationen und Übertragungen auf andere Objekte gearbeitet
(s. Kap. 6).

Eine Zusammenstellung der wesentlichen Bedingungen der
Tierversuche bringt Tab. 5, S. 65.

3.5 Abschließender Vergleich der Untersuchungsbedingun-
     gen für Kinder und Tiere

Ein Vergleich zeigt, daß Tauben unter schärferen Bedingungen geprüft wurden:

(1) die gleichartigen Türchen bieten keinerlei Zusatzinformation (vgl. dagegen RÖCKER 1965).

(2) Die strenge Einzeldarbietung der Muster läßt eine Orientierung an bereits abgehandelten Objekten nicht zu (vgl. dagegen FISCHER-FRÖNDHOFF 1971).

(3) Die Belohnung der Zuordnungen stellt zwar eine Information über die Richtigkeit der Wahl dar; am falschen Ort erhalten, dürfte sie allerdings eher verunsichern.

Unterschiede, die die Materialerfahrung und den Serienumfang betreffen, werden bei einer vergleichenden Befundbetrachtung erörtert.

3.6 Zusammenfassung

Während eines Trainings nach der Methode des operanten Konditionierens erlernten Tauben die Zuordnung großer und kleiner Reizgegebenheiten zu festgelegten Pickorten.

Nach Erreichung des Lernkriteriums wurden Zwischenabstufungen der durch die Trainingsmuster eingegrenzten Mannigfaltigkeiten geboten.

Als Zuordnungskriterien wurden Pickort, Zuordnungszeit, Öffnungszeit und Spontanverhalten erhoben.

Taube	Nr.	Name	Übungsmuster	Trainingsbedingungen			Kritische Versuche
				Methode	Lernkriterien	Zahl d. Krit. Versuche	Übertragung auf andere Objekte
	I	Null	Quadrate (1-10 cm²)	operantes Konditionieren	18 Treffer einer 20er-Folge	10	
	II	Rot	Quadrate (1-10 cm²)	Korrektur zugelassen,	18 Treffer einer 20er-Folge	10	
	III	Gelb	Kreise (Ø 4.5-18.0 cm)	dressur- und zufallsgemäßer Seitenwechsel	3 x 50 Treffer an drei aufeinander folgenden Tagen	20	Quadrate, Holz- und Drahtwürfel
	IV	Dunkel	Kreise (Ø 4.5-18.0 cm)			20	
	V	Hell	Kreise (Ø 4.5-18.0 cm)			20	
	VI	Blau	Würfel (2-8 cm)		10 Treffer, 50 Treffer	20	

Tab. 5: Zusammenstellung der Trainings- und Testbedingungen für Tauben

4. Der Ertrag der Vorversuche

4.1 Die wichtigsten Befunde

Die Vorversuche[1] (Versuchskasten mit zweitüriger Musterwand, s. Abb. 3) dienten - neben der Erprobung von Apparatur und Dressurmethode - der Erkundung, ob Tauben diese Form der absoluten Beurteilung erlernen können.

Beide Tiere erreichten das Lernkriterium (18 Treffer einer 20er Sequenz, vgl. FOPPA 1965) nach durchschnittlich
1600 Versuchen.
Die Zuordnung der kritischen Serie erfolgte je einmal an
10 aufeinanderfolgenden Tagen.

Die individuellen Zuordnungsleistungen sind in den Abbildungen 8 und 9 dargestellt (S. 67).

Abb. 10 bringt die Zuordnungen nach 10 Testversuchen unter
Anlegung statistischer Gütekriterien (90 % gleichsinnige
Wahlen).

Quadrate in aufsteigender Ordnung

	1	2	3	4	5	6	7	8	9	10
Taube 'Rot'	O	O	Φ	Φ	Φ	●	●	●	●	●
Taube 'Null'	O	O	Φ	Φ	●	●	●	●	●	●

Abb. 10 Individuelle Bereichsbildung nach 10 Durchgängen

O   Statistisch bedeutsame Entscheidung für 'klein'
●   Statistisch bedeutsame Entscheidung für 'groß'
Φ   Zuordnungen zu 'groß' und 'klein'

---

1) Für die Durchführung der Vorversuche danke ich Herrn
KANGERIS.

Versuchstage 1-10	Quadrate in aufsteigender Ordnung (Seite in cm) 1	2	3	4	5	6	7	8	9	10
1	○	○	●	○	●	○	●	●	●	●
2	○	●	○	●	●	●	●	●	●	●
3	○	○	○	●	○	●	●	●	●	●
4	○	○	●	●	●	●	●	●	●	●
5	○	○	○	○	●	●	●	●	●	●
6	○	○	●	●	●	●	●	●	●	●
7	○	○	●	○	●	●	●	●	●	●
8	○	○	○	●	●	●	●	●	●	●
9	○	○	●	●	●	●	●	●	●	●
10	○	○	●	○	●	●	●	●	●	●

Abb. 8 Individuelle Bereichsbildung an 10 aufeinanderfolgenden Versuchstagen. Taube 'Null'

Versuchstage 1-10	Quadrate in aufsteigender Ordnung (Seite in cm) 1	2	3	4	5	6	7	8	9	10
1	○	○	○	●	●	●	●	●	●	●
2	○	○	●	●	●	●	●	●	●	●
3	○	○	○	●	●	●	●	●	●	●
4	○	○	○	●	●	●	●	●	●	●
5	○	○	○	●	○	●	●	●	●	●
6	○	○	●	●	●	●	●	○	●	●
7	○	○	○	●	●	●	●	●	●	●
8	○	○	○	○	●	●	●	●	●	●
9	○	○	○	○	●	●	●	●	●	●
10	○	○	○	●	○	●	●	●	●	●

Abb. 9 Individuelle Bereichsbildung an 10 aufeinanderfolgenden Versuchstagen. Taube 'Rot'

○ Zuordnung zur 'Klein'-Tür

● Zuordnung zur 'Groß'-Tür

Eine graphische Darstellung der Urteilsverteilungen
zeigt Abb. 11. *

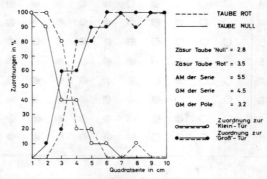

Abb. 11: Verteilung der Groß- Klein-Zuordnungen nach 10 Testdurch—
gängen. Auf der Abszisse sind die Quadrate in aufsteigender
Ordnung (Quadratseite), auf der Ordinate die auf jedes Muster entfallenden Urteile in % abgetragen.

Die Befunde machen deutlich:

(1) Beide Tiere können die an den Endgliedern der Steigerungsreihe erlernten Zuordnungshandlungen auf die Zwischenglieder der dargebotenen Serie übertragen. Die Ergebnisse der kritischen Versuche belegen also, daß Tauben
zum Erlernen von Verhaltensweisen fähig sind, die funktional der Verwendung verbaler Absoluturteile entsprechen
(Kategoriales Verhalten).

(2) Bei beiden Tieren zeigt sich eine sinnvoll auf die
Steigerungsreihe bezogene Verteilungsstruktur mit klaren
Bereichen in Polnähe und einem Stück gemeinsamen Unsicher-
heitsbereiches.

---

* In Abb. 11 und allen weiteren Abbildungen, die die Verteilungsstruktur der Zuordnungen zeigen, wird der korrekte Ausdruck 'Zäsur zwischen Groß und Klein' mit)Zä-
sur' abgekürzt; AM bedeutet: arithmetisches Mittel,
GM: geometrisches Mittel.

(3) Die Urteilshäufigkeiten verteilen sich im Verhältnis
2.2 : 1 (69 % 'Groß', 31 % 'Klein').

(4) Der Groß-Bereich ist nicht nur ausgedehnter sondern
auch stabiler; die Zuordnungen großer Gegebenheiten werden jeweils bis auf eine einzige Vertauschung fehlerfrei
getroffen.

(5) Ein in Klein-Pol-Nähe beginnender mittlerer Serienab-
schnitt ist durch Vertauschungen und Urteilsstreuungen gekennzeichnet.

(6) Die Bereichsumfänge variieren individuell.

(7) Die Zäsuren zwischen Klein- und Groß-Bereich lassen
sich in guter Annäherung durch das geometrische Mittel
der Pole (GMP = 3.2) beschreiben (Taube 'Rot' : 3.5;
Taube 'Null' : 2.8).

4.2 Interpretationsansätze

Halten wir als wesentlichste Befunde fest:

- Unterschiedliche Häufigkeit der Groß- bzw. Klein-Zuordnungen (2.2 : 1)
- damit kovariierend: unterschiedliche Mächtigkeit der
  Bereiche
- Zäsuren, die sich in guter Annäherung durch das geometrische Mittel der Pole beschreiben lassen.

4.2.1 Zur Frage der Gültigkeit des FECHNERschen Ge-
setzes

Eine erste, an psychophysischen Gesetzmäßigkeiten orientierte Interpretation bezieht sich auf die s e n s o -

r i s c h e   Komponente der Urteilsbildung.

Kategorienskala und physikalische Skala, die sich bei
eindimensionalen mnestisch stabilisierten Bezugssystemen
Erwachsener decken, sofern es sich um die Beurteilung von
Extensitäten handelt (HELLER 1959, HRUSCHKA 1959, WITTE
1960), entsprechen einander bei unseren Tauben nicht.
Stattdessen deutet die Lage der Zäsuren beim geometrischen Mittel der als Pole fungierenden Reizmuster darauf
hin, daß

(1) WITTEs Annahmen über die besondere Bedeutung dieser
Pole in ihrer Funktion als 'freie Endglieder' der Serie bestätigt werden, und

(2) FECHNERs Gesetz über den Zusammenhang von Reizzuwachs
und Empfindungszuwachs bei den hier untersuchten Tieren
auch für Extensitäten Gültigkeit besitzt.

Die Vermutung, daß mit diesen Urteilsverteilungen Unterschiede in der phänomenalen Welt von erwachsenen Menschen
und Tauben zum Ausdruck kommen, liegt also nahe, und zwar
um so mehr, als RÖCKER (1965) für Kleinkinder einen entsprechenden Befund (Zäsurlage beim GM der Pole) erhoben
hat, den sie im Sinne einer ontogenetisch frühen Form der
Urteilsbildung interpretierte.

Im Gegensatz dazu, und diese Ergebnisse ließen uns zögern,
die RÖCKERschen Folgerungen zu übernehmen, und wie sie
Versuchsvariationen mit geometrisch abgestuften Serien
durchzuführen, konnte FISCHER-FRÖNDHOFF (1971) zeigen,
daß Kleinkinder im vorsprachlichen Alter Zweierkategori-
sierungsvorschriften bei hinreichender   M a t e r i a l -
k e n n t n i s   tatsächlich wie Erwachsenen befolgen
(Zäsurlage beim AM der Serie).

Aus diesem Grunde wurde die Versuchsanordnung im Hinblick
auf eine Erweiterung der Umgangserfahrung mit der zu beur-

teilenden Mannigfaltigkeit geändert, zumal Versuchsvariationen mit geometrisch abgestuften Serien wenig Kontroll-
möglichkeiten bieten, da sich Pol- und Serienmittel auf
jedem Fall im Durchschnittswert decken.

4.2.2 Zur Frage der Generalisation

Gleichfalls sensoriumsnah ist eine Interpretation im Sinne einschlägiger G e n e r a l i s a t i o n s e x p e -
r i m e n t e , wie sie durch die Ähnlichkeit im Meß-
und Anschreibeverfahren nahegelegt wird.

Dort wie hier wird - zwar nach einem schwierigeren Training - das Verhalten auf neue, den Dressurmustern ähnliche
Reizgegebenheiten geprüft und die Beziehung zwischen Reiz-
kontinuum und Antworthäufigkeit in Gradienten dargestellt.

Die Problematik des Generalisationsbegriffs, sofern man
ihn nicht nur zur Klassifikation experimenteller Anordnungen benutzt, zeigt sich allerdings in folgenden Definitionen, die BROWN (1965) als gebräuchlichste, häufig miteinander vermischte Typen herausstellt.

Der Terminus 'Generalisation' wird verwandt

(1) als Beschreibung des Tatbestandes

"... that a subject ... after he has learned to respond to
a conditioned stimulus (CS), reacts in an identical or si-
milar way to a non-conditioned stimulus (GS) even in the
absence of specific training to the GS. Defined in this
manner, the concept stimulus generalization means simply
that transfer of training has in fact occured, and nothing
more" (BROWN in MOSTOFSKY 1965, S. 7).

(2) als ein Konstrukt, wobei Generalisation

"... has been used ... as a name for some kind of convert
process or mechanism conceived to underlie or determine
overt transfer" (I.c., S. 8 f).

An beiden Definitionen ist ihr Allgemeinheitsgrad zu be-
mängeln: unterschiedlichste Phänomene und Prozesse werden
zwar abgedeckt, aber nicht differenziert[1]; d. h.: Zuord-
nungsexperimente der beschriebenen Art können unter Generalisation subsumiert werden, ohne daß spezifische Er-
klärungsmodelle zur Genese der Urteilsbildung impliziert
sind.

Erschwerend kommt hinzu, daß der für sehr viele psychologische Konzepte verwandte Erklärungsbegriff der Ähnlichkeit - im Zusammenhang mit Generalisation häufig tautolo-
gisch definiert (FOPPA 1965) - als organisierendes Moment
benutzt wird.

TERRACE (1966) schlägt daher vor, den belasteten Begriff
Generalisation zugunsten des neutraleren Terminus 'stimulus conrol' fallen zu lassen.

"Stimulus control refers to the extent to which the value
of an antecedent stimulus determines the probability of
occurence of a conditioned response.
It is measured as a change in response probability that
results from a change in stimulus value. The greater the
change in response probability, the greater the degree of
stimulus control with respect to the continuum being studied." (TERRACE in: HONIG, 1966, S. 271).

Der Vorteil dieser Definition liegt in ihrer Einengung auf
die Beschreibung empirischer Funktionen, allerdings läßt
sich nicht übersehen, daß auch hier auf sehr unterschiedlichen Prozessen basierende Verhaltensdaten mit einem einem einzigen Begriff abgedeckt werden können.

An dieser Stelle soll eine grundsätzliche Bemerkung zum
Gebrauch des Begriffsinventars gängiger Lerntheorien ange-
schlossen werden.
Zweifellos lassen sich die Daten unserer kritischen Versuche als Befunde zum Problem der Reiz- und Verhaltensgene-

---

1) Daß einzelne Autoren zum Problem der Generalisation
festumrissene Theorien formuliert haben, bleibt davon
unberührt. Wichtig ist in diesem Zusammenhang ein in-
flationärer Gebrauch des Begriffs, der seinen Erklärungs-
wert in Frage stellt.

ralisation im Anschluß an eine sukzessive Diskrimination
betrachten. Dabei bleibt die Frage offen, welche Bedeutung man dem Begriff der Generalisation, der - wie zuvor
ausgeführt - in beschreibender wie in erklärender Funktion
benutzt wird, zumessen will.
Gleichzeitig wird das unter Kapitel 1.3 angesprochene Problem berührt - und hier wird der Überschneidungsbereich von
Modellforschung und vergleichender Forschung deutlich-,
welche elementaren Grundformen der Anpassung für Mensch
und Tier zu postulieren sind.
Selbstverständlich läßt sich der Tatbestand, daß auf Modi-
fikationen von Hinweisreizen in ähnlicher Weise reagiert
wird wie auf diejenigen Reize, die bestimmten Verhaltensweisen über Dressur zugeordnet wurden, als elementare
Anpassungsleistung mit hohem Überlebenswert einordnen.

Zu bedenken bleibt jedoch, ob die unter natürlichen Bedingungen beobachtbaren Orientierungsleistungen von höheren Tieren (und Menschen) durch den gebräuchlichen Typus
des Generalisationsexperiments repräsentiert werden.

So zeigt jedes Haustier Verhaltensweisen, die auf sehr komplexe Informationsverarbeitungsprozesse schließen lassen,
als Beispiel sei darauf verwiesen, wie differenziert ein
Hund auf die vielfältigen und variablen Aufbruchsvorberei-
tungen seiner Bezugsperson reagieren kann.
In diesen Situationen sind nicht nur die Abweichungen von
einem einzigen Ausgangsreiz, sondern von einer Vielzahl
von Hinweisreizen mit unterschiedlichsten Parametern zu
verrechnen.

Desweiteren ist die - von der Art der Datenerhebung nicht
unabhängige[1] - Entscheidung zu treffen, in welchem theore-
tischen Bezugsrahmen die unter Generalisation zusammenge-
faßten Anpassungsleistungen eine sachangemessene Einbet-
tung erfahren.

---

1) Daß auch bei gleichem Modus der Befunderhebung unterschiedliche Interpretationsvorschläge gemacht werden,
   zeigen die kontroversen Auffassungen von KÖHLER (1915)
   und SPENCE (1937) zum Transpositionsverhalten.

Wird die Versuchsanordnung, wie in dem hier beschriebenen
Fall, so angelegt, daß jedes einzelne Tier auf b e i d e
Endglieder der verwandten Reizmannigfaltigkeit trainiert
wird, und die kritischen Versuche Reaktionen auf Zwischengrößen überprüfen, dies bei Einzeldarbietung der Reizmuster, so erfaßt man versuchstechnisch zwar die Beziehung
zwischen Einzelreiz und Reaktion; die den Tieren abgefor-
derte Zuordnungsleistung ist allerdings nur dann möglich,
wenn B e z i e h u n g e n zwischen den B e u r -
t e i l u n g s o b j e k t e n hergestellt werden können, und zwar auch dann, wenn diese Objekte nicht gleichzeitig präsent sind, da für jede singulär gebotene Zwi-
schengröße entschieden werden muß, zu welchem der beiden
Trainingsmuster sie gehört.

Unter diesem Aspekt rückt die Aufgabe in die Nähe der
KÖHLERschen Versuche (1915) zum Transpositionsverhalten
bei Tieren - hier wurde im kritischen Versuch die Über-
traung von Relationen zwischen simultan gebotenen Wahrnehmungsdingen verlangt -, besitzt jedoch einen höheren
Schwierigkeitsgrad, da die Bezugspunkte für die einzelne
Wahl nicht gleichzeitig in konkreter Anschauung gegeben
sind.
Da das Zuordnungsverhalten unserer Tauben ohne solche Bezugspunkte wohl kaum zu den durchaus sinnvollen Ergebnissen führen könnte, liegt die Vermutung nahe, daß eben diese Bezugspunkte durch Dressur erworben wurden, und funktional dem entsprechen, was wir bei erwachsenen Menschen
ein eindimensionales Bezugssystem nennen.
Insofern erscheint uns zur Interpretation der erörterten
Leistung die Theorie mnestisch stabilisierter Bezugssysteme (WITTE, ab 1955) als ein geeignetes Rahmenkonzept.
WITTE trifft Voraussagen zur Genese und Struktur von Bezugssystemen als hypothetischer Grundlage der Umweltorientierung, die den Tatbestand der Generalisation einschlie-
ßen, - einander ähnliche Gegebenheiten werden als solche

identifiziert und der Distanz zum Ausgangmuster entsprechend beantwortet -, aber darüber hinausgehen, da sie

(1) empirisch gut abgesicherte Prognosen bezüglich der
Struktur der in Form von Gradienten angeschriebenen Urteilsverteilungen gestatten,

(2) ein an der Spurentheorie (KÖHLER u.v. RESTORFF 1933)
ausgerichtetes Erklärungsmodell für das Zustandekommen
dieser Urteilsverteilungen bieten, und

(3) auf Kategorisierungsergebnisse nach unterschiedlichsten
Anforderungen (angesprochener Sinnesbereich/Differenzie-
rungsgrad und Zahl der Kategorien/Komplexitätsgrad der
Beurteilungsgegenstände) anwendbar sind.

Aus den genannten Gründen werden in der vorliegenden Untersuchung zwar Erklärungsprinzipien und Ergebnisse der Gene-
ralisationsforschung herangezogen, es wird jedoch in Frage
gestellt, ob sie ausreichen, die Befunde in erschöpfender
Weise abzudecken. Zudem erschiene es uns heuristisch wenig fruchtbar, Resultate, die mittels einer im Rahmen
der Tierpsychologie neuen Versuchsanordnung gewonnen wurden, sofort mit gebräuchlichen, an bestimmte Arten der
Datenerhebung gebundenen Begriffen zu belegen.

Die Interpretation der Häufigkeitsverteilungen als zwei
via Ähnlichkeit zum jeweiligen Trainingsmuster aufgebaute
Generalisationsgradienten bietet folgende Hypothesen zur
Erklärung der unsymmetrischen Bereichsbildung:

(1) Exzitatorische und inhibitorische Prozesse, die nach
PAWLOW (1923) und HULL (1943) die neurale Basis von Ge-
wohnheitsbildungen darstellen, werden hinsichtlich der
geforderten Zuordnungshandlungen in unterschiedlichem Ausmaß wirksam.

Dieses Ungleichgewicht ist als ein Dressurartefakt zu er-
klären.

Der Aufbau inkompatibler, auf die Reizgegebenheiten bezo-
gener Verhaltensweisen setzt eine Unterscheidung der Muster
nach ihrem kritischen Parameter voraus. Diese Unterscheidung kann erst bei der Darbietung des zweiten Musters ein-
setzen: es liefert die Informationen, welche Merkmale oder
Relationen beachtet werden müssen, um erfolgreich wählen
zu können.

Die korrekte Beantwortung des zweiten Musters wird durch
seine Ähnlichkeit zum ersten erschwert. Das Erlernen der
ersten Zuordnung bedingt im Sinne primärer Generalisation
ein Miterlernen des zweiten Musters am falschen Ort, d.h.
die Beziehung erstes Muster - rechts wird so lange auch
auf das zweite Muster ausgedehnt, bis das erste Muster
'groß', das zweite 'klein' bedeutet.

Die Tauben haben also eine Diskrimination zu leisten, die
über eine Differenzierung der als Anweiser fungierenden
Wahrnehmungsgegebenheiten zu einer Differenzierung des Verhaltens führt.

Testreihen im Anschluß an Differenzierungslernen zeigen,
daß...
"gradients obtained in this way do not reflect the primary
generalization of habit strength in any simple way, but
may best be interpreted as a joint function of generalized
habit strength and inhibitory factors". Dabei resultiert -
infolge inhibitorischer Prozesse - ..."the narrowing of
the range of empirical generalization gradients." (GRICE
and SALTZ, 1950, S. 702)

Daß diese Einengung der Gradienten bei einer Doppeldressur
symmetrisch erfolgt, ist eher als Spezial- denn als Regel-

fall anzunehmen, zumal die sukzessive, im dressurgemäßen
Wechsel erfolgende Darbietung der Muster funktionale Asymmetrie nahelegt.

Eine wesentliche Zusatzhypothese stellt die Annahme unterschiedlicher Aufmerksamkeitsverteilung dar. Das Heraus-
blenden des kritischen Situationsaspektes, das mit der
Darbietung des zweiten Musters einsetzt, kann zu einer
stärkeren Beachtung dieser Gegebenheit führen.

Wie Untersuchungen zum Einfluß der Aufmerksamkeit verdeutlichen, kovariiert das Ausmaß der Generalisation, am Anstieg des Gradienten gemessen, mit dem Grad der Beachtung,
die den kritischen Wahrnehmungssituationen zukommt. (HEI-
NEMANN und RUDOLPH 1963; JENKINS und HARRISON 1960; vgl.
auch TERRACE 1966, HONIG 1969)

Da bei beiden Tauben gleiche Musterabfolgen (erstes Muster
= 10 cm^2, zweites Muster = 1 cm^2) in gleichsinnigen Verteilungsstrukturen resultieren, gewinnt die Annahme eines
Dressurartefakts eine gewisse Plausibilität.

Offen bleibt allerdings, ob die stärkere Kontrollfunktion
des zweiten (kleinen) Musters allein auf die Sukzession
oder auch auf die Mustergröße zurückzuführen ist.

Die Befunde HEINEMANNs und RUDOLPHs (1963) legen einen
Einfluß der Mustergröße auf den Anstieg des Generalisationsgradienten nahe.
Bietet man Tauben bei konstant gehaltener Helligkeit Flächen unterschiedlicher Größe, so führt die Beantwortung
kleiner Flächen zu steileren Gradienten als die Beantwortung mittlerer oder großer Flächen. Die Autoren, die den
Flächeninhalt auf den Darbietungsrahmen und die Körper-
größe der Versuchstiere beziehen, vermuten, daß eine
schärfere Figur-Grund-Differenzierung die Beachtung der
wesentlichen Situationsaspekte erleichtert.

(2) Die Konstanthaltung von Motivation und 'reinforcement'
(Anzahl, Qualität, Quantität) legt bei Gleichbeachtung
und Gleichgewichtigkeit der Muster symmetrische Verteilungen nahe. Asymmetrie kann, wie oben erörtert, die Konse-
quenz eines Dressurartefakts sein oder auf Eigentümlichkeiten der Reizgegebenheiten beruhen.

Untersuchungen der amerikanischen und europäischen Verhaltensforschung (HESS 1956, MORSE und SKINNER 1958,
BLOUGH 1959, 1966, DÜCKER 1963, RENSCH 1961, 1969, HONIG
1969) belegen hinreichend, daß bei Konstanthaltung der
übrigen Bedingungen unterschiedliche Wahrnehmungssituationen spontan unterschiedlich beantwortet werden.
Diese angeborenen und/oder durch Erfahrung vorgeformten
Präferenzen faßt HULL (1949), sofern es sich um Bevorzugungen innerhalb eines nach Intensität abgestuften Kontinuums handelt, in dem Prinzip des 'stimulus intensity
dynamism' zusammen.
Die empirische Gesetzmäßigkeit, die das Reaktionspotential
als Funktion der Intensität beschreibt, gestattet folgende Voraussagen:

Der intensive Reiz wird schneller, stärker und mit geringerer Fehlerzahl beantwortet als der weniger intensive des
gleichen Kontinuums.

BLOUGH (1966) schränkt die generelle Bedeutung des Prin-
zips u.E. mit Recht ein (vgl. auch PETERS 1953, HESS 1956,
HEINEMANN und RUDOLPH 1963). Für einen mittleren Intensi-
tätsbereich und die üblichen genormten Laborbedingungen
ist seine Geltung anzunehmen, sofern die Besonderheiten
des Wahrnehmungsapparates der einzelnen Tierarten beachtet werden.

Die klare, bis auf jeweils eine einzige Vertauschung feh-
lerfreie Zuordnung im Großbereich läßt sich nach HULL als
Funktion der Mustergröße interpretieren (Vermittlung über
Helligkeit, vgl. auch GRICE und SALTZ 1950).

Diese Interpretation impliziert generell eine asymmetrische Verteilung der Groß-Klein-Zuordnungen.

HULL sagt für Generalisationsgradienten, die von intensiven zu weniger intensiven Reizgegebenheiten verlaufen, eine konkave Form mit höherem Anstieg voraus, für das gegensätzliche Intensitätsgefälle eine konvexe Form mit flacherem Anstieg.

Die Entscheidung zwischen einem vermuteten Dressurartefakt und dem HULLschen 'stimulus intensity dynamism' ist einfach: Gilt $_SE_R = V = f(i)$, so muß sich die Wirkung unabhängig von der Sukzession der Muster während der ersten Trainingsphase entfalten.

4.2.3 Zur Organisation des Wahrnehmungsfeldes

An Fragen der Aufmerksamkeit und der Bevorzugung bestimmter Wahrnehmungsgegebenheiten knüpft eine Interpretation der Daten an, die durch einige Nebenbefunde RÖCKERs (1965) nahegelegt wird.

RÖCKER ließ zwei der von ihr untersuchten Kinder elfgliedrige Serien (Kreisscheiben in arithmetischer Progression) mehrfach hintereinander zuordnen.

Die individuellen Bereichsbildungen (s. Abb. 12, die Rohdaten wurden RÖCKER 1965, S. 80 und 82 entnommen) mit Zäsuren in Klein- bzw. Großpolnähe deuten darauf hin, daß die Trainingsmuster als Pole interindividuell unterschiedlicher Bedeutung fungieren und damit, infolge ungleicher Valenzen, die asymmetrische Bereichsbildung bestimmen.

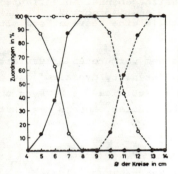

Zäsur Vp Ute   : 10.80
Zäsur Vp Constanze: 6.25
AM d. Serie   9.00
GM d. Pole   7.48

Abb. 12   Verteilung individueller Groß- Klein-Zuordnungen
in 8 bzw. 7 Testdurchgängen. Auf der Abszisse
sind die Kreise in aufsteigender Ordnung (Ø in cm),
auf der Ordinate die Urteile in % abgetragen.

(Gestrichelte Linie: Vp Ute, ausgezogene Linie:
Vp Constanze, o—o 'klein', •—• 'groß')

Im Anschluß an diese Nebenbefunde RÖCKERs läßt sich die
Hypothese aufstellen, daß die Struktur frühkindlicher Bezugssysteme eine primitive Vorform darstellt, die auf einem Ungleichgewicht der Schwerpunkte im Wahrnehmungsfeld
beruht, und daher durch andere Zentrierungsverhältnisse
ausgezeichnet ist als bei Erwachsenen (vgl. METZGER 1940).

Die kleinste (oder größte) Gegebenheit, phänomenal ausgezeichnet, wird von der anderen Gegebenheit, später der
Mannigfaligkeit abgehoben: sie bekommt (oder besitzt)
eine scharf umrissene Kontur, die sie von der gesamten
abzuhandelnden Serie bzw. deren größtem Teil trennt.

Der ursprüngliche Strukturierungsprozeß ist nach dieser
Hypothese als Herausheben und Anorganisieren einerseits,

Absondern andererseits zu beschreiben; echte Bipolarität, die organisierende Wirkung beider Pole impliziert, ist als eine höhere Stufe zu verstehen. Sie ist mit Sicherheit erst dann nachzuweisen, wenn das Verhalten gegenüber mittleren Serviengliedern ein Hin- und Hergerissensein zwischen zwei gleichgewichtigen Möglichkeiten zeigt, wie es sich bei einigen Kindern beobachten ließ.

Diese an sich schlüssige Interpretation, die auch durch die Eigentümlichkeiten der Neuorientierung menschlicher Erwachsener nahegelegt wird (vgl. METZGER 1940), läßt zwei Fragen offen:

(1) Die Mehrzahl der Kinder zäsuriert in Kleinpolnähe. Deutet diese Einmütigkeit nicht doch eine Abhängigkeit von der Skalenform an?
Befunde der Verhaltensforschung zeigen, daß die Abmessungen bevorzugten Materials mit der eigenen Körper- bzw. Schnabelgröße kovariieren, d.h., daß Traktierbarkeit und Manipulierbarkeit (PETERS 1953) eine bedeutsame Rolle spielen. Beim Menschen ist naives Messen und Wiegen an den eigenen Körpermaßen orientiert (Handspanne, Elle, ein Fuß, eine Schrittlänge, daumennagelgroß etc.).

Die Heraushebung des kleinsten Musters und das Handmaß der Kinder dürften plausiblerweise im Zusammenhang zu sehen sein.

(2) Zentrierung im Sinne der Betonung bestimmter Haupt- und Nebenbereiche ist bei Orientierungsleistungen Erwachsener häufig eine aktualgenetische Vorform, die auf ungenügender Vertrautheit mit der zu beurteilenden Mannigfaltigkeit beruht (vgl. METZGER 1940).

Da die Kinder Umgangserfahrungen lediglich mit den Endgliedern der Serie hatten, liegt der Schluß nahe, die frühkindliche Bereichsbildung nicht als ontogenetische, sondern als aktualgenetische Vorform[1] zu interpretieren.

In Analogie dazu kann die Bereichsbildung der untersuchten Tauben als ein Problem der Zentrierung aufgefaßt
werden; die Heraushebung gerade des Kleinpols ist aus den
Besonderheiten des Trainings ableitbar.

4.2.4 Zur Frage von Richtungspräferenzen

Ein weiterer Ansatz berücksichtigt den Aufbau und die Auf-
rechterhaltung kategorialen Verhaltens als Entsprechung
zur semantischen Komponente der Urteilsbildung.
Unvereinbare Pickorte legen aus ökonomischen Gründen unvereinbare Wege nahe. Der sukzessive Aufbau beider Zuordnungsverhaltensweisen muß über das Vehikel der Belohnung
zu Konflikten führen, die erst dann entschieden sind, wenn
das jeweilige Trainingsmuster als Wegweiser akzeptiert
ist.

Da Vögel schnelle (und rigide) Wegelerner sind (vgl. RENSCH
1970), kann bei gleicher Beköderung der neutralen Orte die
Abfolge von Bedeutung sein und in größerer Appetenz zum
ersten, stärkerer Aversion gegenüber dem zweiten Pickort
resultieren. Ungleiche Zuordnungsraten sind im Gefolge
der Wegdressur als Richtungsbevorzugungen zu interpretieren. Die während der Testreihe konstant beibehaltene Belohnung vergrößert die positive Valenz des ersten Zieles
und sichert damit der ersten Kategorie einen ausgedehnte-
ren Bereich.

Aus dieser Annahme ergeben sich zwei Konsequenzen:

---

1) Möglicherweise findet diese Art der Strukturierung in
   einem noch früheren Entwicklungsstadium ihre Entsprechung (vgl. WERNER 1959).
   Die Ergebnisse FISCHER-FRÖNDHOFFs (1971) belegen, daß
   Kinder dieses Alters bei geeigneten Bedingungen zu einer ausgewogenen Zweibereichsbildung in der Lage sind.

(1) Ein hohes, nicht allein durch die Trefferquote, sondern auch durch einen 'glatten Verlauf' definiertes Lernkriterium als Gütemaßstab des Kräftegleichgewichts dürfte die Zuordnungsverteilung harmonisieren.

(2) Bereits eine leichte Richtungspräferenz muß bei einer hinreichenden Anzahl von Testversuchen infolge konstant gehaltener Belohnung zu einer verstärkten Einengung des zweiten (bzw. weniger bevorzugten) Zuordnungsbereichs führen.

Die Daten der Vorversuche gestatten in dieser Hinsicht keine Entscheidung: 15 bzw. 16 Klein-Zuordnungen während der ersten fünf Testversuche stehen 18 bzw. 13 Klein-Zuordnungen der Zweiten Testhälfte gegenüber (s. Abb. 8 und 9, S. 67).

4. 3 Weiterführende Hypothesen

Eine vergleichende Sichtung der Untersuchungsbedingungen (s. Kap 3) und der Zuordnungsleistungen von Tieren und Kindern (RÖCKER 1965, FISCHER-FRÖNDHOFF 1971) führt zu folgenden Arbeitshypothesen:

(1) Tauben sind zum Erlernen kategorialen Verhaltens fähig.
(2) Die Verteilungsstruktur der Zuordnungen ist als Widerspiegelung einer aktualgenetischen Vorform von Bezugssystemen interpretierbar.

(3) Welches Muster des Trainingspaares figuriert, ist aus den Trainingsbedingungen als Dressurartefakt ableitbar.

(4) Bei optimaler Beherrschung beider Zuordnungshandlungen und hinreichender Kenntnis der zu beurteilenden Mannigfaltigkeit geht die an einem Pol orientierte Vertei-

lung in eine Struktur über, die auf die Entstehung eines
bipolaren Systems schließen läßt.

(5) Als notwendige Bedingung zur Konstatierung eines bipolaren Systems wird gefordert:

(a) Die spontane Wahl eines dritten (mittleren) Zuord-
nungsortes als Ausdruck des Hin- und Hergerissenseins
zwischen zwei gleichgewichtigen Möglichkeiten,

(b) Verhaltensunsicherheit im Bereich der mittleren Bandbreite,

(c) damit kovariierend: Erhöhung der Entscheidungszeiten
als Ausdruck des Konfliktes.

4.4 Folgerungen für die Untersuchungsbedingungen

Aus den Befunden der Vorversuche ergaben sich folgende
Konsequenzen:

(1) Apparatur und Dressurmethode erwiesen sich im Prinzip
als erfolgreich. Der Versuchskasten wurde bezüglich Muster-
darbietung, Zeitmessung und Eröffnung einer dritten (mittleren) Wahlmöglichkeit verbessert.

(2) Die arithmetische Progression der Muster wird beibehalten, die Distanzen der Serienglieder werden den ermit-
telten Schwellenwerten[1] angepaßt (Erhöhung von d = 1.0 cm
auf d = 1.5 cm).

---

1) Parallel laufende Untersuchungen zum relativen Urteil
nach dem Konstanzverfahren (ZOEKE 1970) wiesen Größen-
abstufungen des kritischen Parameters um 1.0 cm als
schwellennah aus, während Kreisflächen mit Durchmesser-
distanzen von 1.5 cm von allen untersuchten Tieren
(N = 5) unterschieden wurden (vgl. auch HOFMANN 1969,
CASTRUP 1970).
Die für Augentiere recht hohe Unterschiedsschwelle ist
vermutlich ein Apparatartefakt (vgl. auch HAMILTON und
COLEMANN 1933, GUNDLACH 1933). Da hier lediglich die Dis-
kriminationsleistung in einer gegebenen Situation interessierte, sind wir dieser Frage nicht nachgegangen.

Die Dehnung der Serie gestattet neben der Absicherung, daß
die Muster unterschieden werden können, eine bessere
Schätzung der Wirkung des 'stimulus intensity dynamism'
auf das Zuordnungsverhalten.

(3) Die Größe des ersten Trainingsmusters wird zur Kontrolle des vermuteten Dressurartefakts von Tier zu Tier variiert.

(4) Das Lernkriterium wird erhöht.

Verhaltensbeobachtungen zeigten, daß 50 Treffer (100 %)
an drei aufeinanderfolgenden Versuchstagen mit dem gewünschten glatten Verlauf des Zuordnungsverhaltens einhergehen.

(5) Zur Überprüfung aktualgenetischer Einflüsse und der
Wirkung möglicher Richtungspräferenzen werden die kritischen Versuche auf 20 Durchgänge ausgedehnt.

4.5 Zusammenfassung

Die Befunde der Vorversuche erhärten die Annahme, daß
Tauben zu kategorialem Verhalten fähig sind. Unter geeigneten Prüfbedingungen (sicheres Beherrschen des Zuordnungsverhaltens, hinreichende Kenntnis der Mannigfaltigkeit,
prinzipielle Unterscheidbarkeit der Reizgegebenheiten,
Erfassung möglicher Dressurartefakte) werden Zuordnungsleistungen erwartet, die denen junger Kinder entsprechen
(FISCHER-FRÖNDHOFF 1971).

5. Die Befunde der Hauptversuche: Zur Genese von Bezugssystemen

5.1 Die Verteilungsstruktur der Zuordnungen

5.1.1 Die Kategorisierungsleistungen von Tauben

Die Hauptserie (Kreise, Ø 4.5 - 18 cm, d = 1.5 cm) wurde von drei Tieren abgehandelt.
Die Tauben erreichten das Lernkriterium bei beträchtlicher Streubreite (1270 - 1980 Versuche) nach durchschnittlich 1597 Darbietungen.
Die Zuordnung der kritischen Serie erfolgte je einmal an 20 aufeinanderfolgenden Versuchstagen.
Die individuelle Bereichsbildung ist in den Abbildungen 13 - 15 (s. S. 87) dargestellt.

Abb. 16 bringt einen Vergleich der 1. und 20. Zuordnung.

	Kreise in aufsteigender Ordnung (Ø in cm)									
	4.5	6.0	7.5	9.0	10.5	12.0	13.5	15.0	16.5	18.0
1. Zuordnung	o	o	o	o	o	●	o	●	●	●
20. Zuordnung 'Gelb'	o	o	o	o	o	●	●	●	●	●
1. Zuordnung	o	o	o	o	o	o	●	●	●	●
20. Zuordnung 'Dunkel'	o	o	o	o	●	●	●	●	●	●
1. Zuordnung	o	o	o	●	●	●	●	●	●	●
20. Zuordnung 'Hell'	o	o	o	o	o	o	●	●	●	●

Abb. 16   Individuelle Bereichsbildung nach 1. und 20. Zuordnung

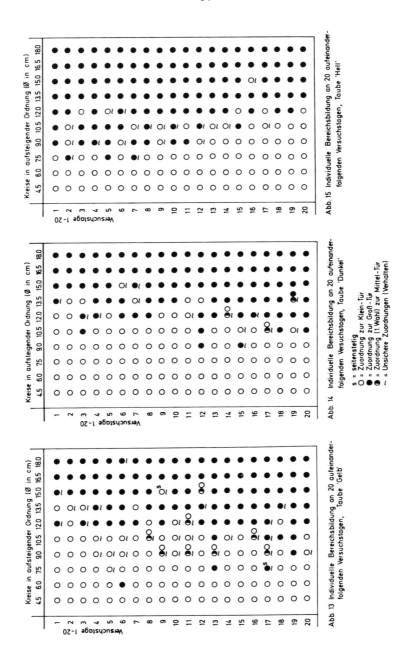

Abb. 15 Individuelle Bereichsbildung an 20 aufeinander-folgenden Versuchstagen, Taube 'Hell'

Abb. 14 Individuelle Bereichsbildung an 20 aufeinander-folgenden Versuchstagen, Taube 'Dunkel'

s = seitenstetig
O = Zuordnung zur Klein-Tür
● = Zuordnung zur Groß-Tür
●○ = Zuordnung (1.Wahl) zur Mittel-Tür
ı = Unsichere Zuordnungen (Verhalten)

Abb. 13 Individuelle Bereichsbildung an 20 aufeinander-folgenden Versuchstagen, Taube 'Gelb'

Abb. 17 zeigt die nach der Zahl der kritischen Versuche
fraktionierten Urteilsverteilungen unter Anlegung statistischer Gütekriterien (90 % gleichsinnige Zuordnungen).

	Kreise in aufsteigender Ordnung (Ø in cm)									
	4.5	6.0	7.5	9.0	10.5	12.0	13.5	15.0	16.5	18.0
1.-10. Zuordnung	O	O	O	O~	O~	⊕~	⊕~	●	●	●
11.-20. Zuordnung	O	O	O	O~	⊕~	⊕~	O~	●	●	●
1.-20. Zuordnung 'Gelb'	O	O	O	O~	⊕~	⊕~	⊕~	●	●	●
1.-10. Zuordnung	O	O	O	O	O	⊕~	⊕~	●~	●	●
11.-20. Zuordnung	O	O	O	⊕	⊕~	⊕~	⊕	●	●	●
1.-20. Zuordnung 'Dunkel'	O	O	O	O	⊕	⊕~	⊕~	●	●	●
1.-10. Zuordnung	O	O	⊕~	⊕~	⊕~	⊕~	●	●	●	●
11.-20. Zuordnung	O	O	O	O	⊕~	●	●	●	●	●
1. 20. Zuordnung 'Hell'	O	O	⊕	⊕~	⊕~	⊕	●	●	●	●

Abb. 17   Individuelle Bereichsbildung in 10 und 20 kritischen
Versuchen.

O statistisch bedeutsame Entscheidung für 'Klein'
● statistisch bedeutsame Entscheidung für 'Groß'
⊕ Zuordnungen zu 'Groß' und 'Klein'
~ unsichere Zuordnungen (Verhalten)

Abb. 18 verdeutlicht die Bereichsbildung der 3 Tiere nach
20 kritischen Versuchen.

	1. Trainingsmuster Ø	Kreise in aufsteigender Ordnung (Ø in cm)									
		4.5	6.0	7.5	9.0	10.5	12.0	13.5	15.0	16.5	18.0
Gelb	4.5 cm	○	○	○	◐	◐	◐	◐	●	●	●
Hell	18.5 cm	○	○	◐	◐	◐	◐	●	●	●	●
Dunkel	4.5 cm	○	○	○	○	◐	◐	◐	●	●	●

Abb. 18 Individuelle Bereichsbildung von 3 Tieren in jeweils 20 Testversuchen

Die graphische Darstellung der Urteilsverteilungen zeigen
die Abb. 19 - 21 (s. S. 90).
Tab. 6 enthält die absoluten Anteile der Groß- und Klein-
Zuordnungen.

Tier	Ø des 1. Trainings- musters	Durchgang 1 - 10		Durchgang 11 - 20		Durchgang 1 - 20	
		K %	G%	K%	G%	K%	G%
Gelb	4.5 cm	57	43	46	54	51.5	48.5
Dunkel	4.5 cm	58	42	49	51	53.5	46.5
Hell	18.0 cm	35	65	51	49	43.0	57.0
Durchschnittswert der drei Tauben		46.25	53.75	49.25	50.75	47.75	52.25

Tab. 6: Absolute Häufigkeiten der Klein- bzw. Groß-Zuordnungen in %, nach der Anzahl der kritischen Versuche fraktioniert. (Für die Durchschnittswerte
wurden die AM von 'Gelb' und 'Dunkel mit dem Wert
von 'Hell' gemittelt.)

K = Klein-Zuordnung
G = Groß-Zuordnung

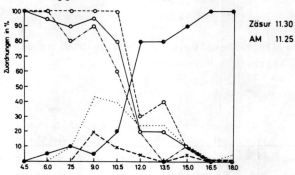

Zäsur 11.30
AM   11.25

Abb. 19 Verteilung der Groß- Klein-Zuordnungen
in 20 Testdurchgängen. Taube 'Gelb'

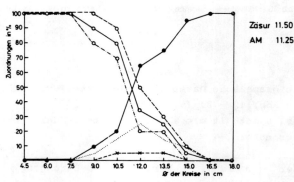

Zäsur 11.50
AM   11.25

Abb. 20 Verteilung der Groß- Klein-Zuordnungen
in 20 Durchgängen. Taube 'Dunkel'

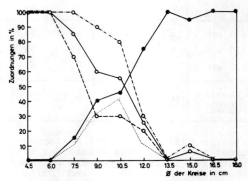

Zäsur 10.75
AM   11.25

Abb. 21 Verteilung der Groß- Klein-Zuordnungen
in 20   Testdurchgängen. Kreise, Serie
4.5 - 18.0 (d = 1.5),   Taube 'Hell'

o——o   klein   o———o   klein (Versuche 1 - 10)
●——●   groß   o—·—o   klein (Versuche 11 - 20)
··········   unsicher
x—–—x   mittel

Die Befunde machen deutlich:

(1) In guter Übereinstimmung mit den Ergebnissen der Vorversuche und den Zuordnungsleistungen von Kleinkindern zeigt sich bei den drei Tieren eine sinnvolle, auf die Steigerungsreihe bezogene Verteilungsstruktur mit klaren Bereichen in Polnähe und einem gemeinsamen Stück Urteilsunsicherheit (Abb. 18, S. 89).

(2) Bereichsumfänge und Abfolge der Trainingsmuster stehen in Zusammenhang (Abb. 18, Taube Hell/Dunkel und Gelb, vgl. auch Abb. 26, S. 95).

(3) Die Bereichsumfänge streuen individuell (Abb. 18, Taube Dunkel/Gelb).

(4) Ein durch Vertauschungen und Urteilsstreuungen gekennzeichneter mittlerer Bereich ist der Abfolge der Trainingsmuster entsprechend zum Groß- bzw. Klein-Pol hin verschoben (Abb. 18, S. 89).

(5) Die mittleren Reizgegebenheiten werden übereinstimmend, wenn auch nicht mit gleichen Zuordnungsraten, sowohl zu Groß wie Klein geschlagen (Abb. 18, Ø 10.5, 12.0cm).

(6) Die von 10 auf 20 erhöhte Zahl der kritischen Versuche bringt für die mittleren Serienglieder keine Urteilsstabilität (Abb. 13, 14, 15, 18); lediglich Taube Hell zeigt in der zweiten Versuchshälfte eine gewisse Stabilisierung.

(7) Die Einübungsdauer bleibt auf die Bereichsbildung nicht ohne Einfluß: Die Ergebnisse des zweiten Versuchsabschnittes sind durch eine Bereichsausdehnung des zweiten Trainings-Pols gekennzeichnet (Abb. 19 - 21).

(8) Die absolute Verteilung der Groß-Klein-Zuordnungen
zeigt nach anfänglichem Überwiegen eine Abnahme des zuerst erlernten Zuordnungsverhaltens (s. Tab. 6, S. 89).

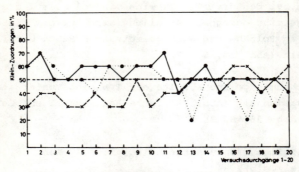

Abb. 22   Anteil der Klein-Zuordnungen pro Testdurchgang in %, Kreise,
Serie 4.5 - 18.0 (d = 1.5), Taube 'Hell'   x----x
Taube 'Dunkel'   ●——●
Taube 'Gelb'   ●·····●

(9) Diese Veränderung läßt sich, auf die einzelnen Durchgänge bezogen, als Pendeln um eine hypothetische Mitte beschreiben (s. Abb.22); die Amplitude variiert individuell.

(10) Die individuellen Zäsuren nach 20 kritischen Versuchen stellen eine gute Annäherung an das AM der Serie dar.
Die Fraktionierung der Zuordnungen zeigt allerdings, mit
welchen Streuungen gerechnet werden muß (s. Abb. 19, 20,
21, S. 90).

(11) Wie die Abbildungen 23 und 24 verdeutlichen, gilt
auch für einfache Wahrnehmungsurteile von Tauben, daß
große Beurteilungsdivergenzen durch eine hinreichende
Kenntnis der Materie minimalisiert werden.

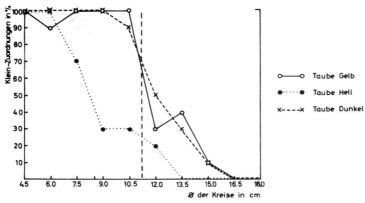

Abb. 23 Verteilung der Klein-Zuordnungen in den
ersten 10 Durchgängen.

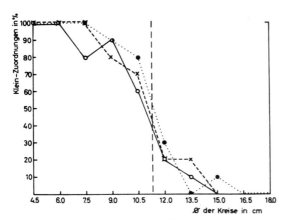

Abb. 24 Verteilung der Klein-Zuordnungen in der
zweiten Hälfte der Testphase (11.-20. Durchgang)

(12) Die Häufigkeit der Wahl des mittleren Pickortes variiert von Tier zu Tier nach Anzahl und Lage im Kontinuum
(N = O, 3, 8).
Drei Momente sind bemerkenswert:
9 der insgesamt 11 Mitten-Zuordnungen liegen in der zweiten Versuchshälfte.
Eine einzige der 11 Wahlen bezieht sich nicht auf eine
Reizgegebenheit, die im mittleren Bereich der Mannigfaltigkeit liegt (Taube Gelb, Ø 15.0 cm).
Der Gipfel der Verteilung der Mitten-Zuordnungen ist bei
der einzigen Taube, die interpretierbare Häufigkeiten
zeigt, zum Kleinpol verschoben (Taube Gelb, Abb. 13, 19).

(13) Die anhand der protokollierten Verhaltensbesonderheiten als unsicher klassifizierten Wahlen[1] liegen gehäuft
in der Mitte des Kontinuums (s. Abb. 19 - 21). Sie spie-
geln die Bereichsbildungstrends in guter Annäherung wieder.

(14) Die durch ein hohes Lernkriterium abgesicherte Beherrschung beider Zuordnungsverhaltensweisen führt entgegen unserer Annahme (s. Kap. 4) nicht zu einer Verbesserung
der   e r s t e n   Zuordnung (s. Abb. 25).

Alle Tauben sind als Polzäsurierer sensu RÖCKER zu klassi-
fizieren. Die Lage der   e r s t e n   Zäsur bestätigt ohne
Ausnahme, daß die Art der Bereichsbildung und die Abfolge
der Trainingsmuster im Zusammenhang zu sehen sind (s. Abb.
25 u. 26).

---

1) Zuordnungen wurden dann als unsicher eingestuft, wenn
das vorangehende oder begleitende Verhalten von der
durch 'glatten Verlauf' gekennzeichneten Handlungsgestalt abwich, die bei gelungener Dressur zu beobachten
war. Eine Zusammenstellung und Analyse dieser Verhaltensabweichungen bringt Kap. 5.2.

1. Trainingsmuster (Ø oder Quadratseite)		Reizgegebenheiten in aufsteigender Ordnung									
		I	II	III	IV	V	VI	VII	VIII	IX	X
Null	10 cm	o	o	●	o	●	o	●	●	●	●
Rot	10 cm	o	o	o	●	●	●	●	●	●	●
Hell	18.5 cm	o	o	o	●	●	●	●	●	●	●
Gelb	4.5 cm	o	o	o	o	o	●~	o	●	●	●
Dunkel	4.5 cm	o	o	o	o	o	o	●~	●	●	●

Abb. 25 Individuelle Bereichsbildung von 5 Tieren in der 1. Zuordnung

O ='Klein',   ● = 'Groß',   ~ = unsicher (Verhalten)

1. Trainingsmuster (Ø oder Quadratseite)		Reizgegebenheiten in aufsteigender Ordnung									
		I	II	III	IV	V	VI	VII	VIII	IX	X
Null	10 cm	O	O	◑	◑	●	●	●	●	●	●
Rot	10 cm	O	O	◑	◑	◑	●	●	●	●	●
Hell	18.5 cm	O	O	◑~	◑~	◑~	◑~	●	●	●	●
Gelb	4.5 cm	O	O	O	O~	O~	◑~	◑~	●~	●	●
Dunkel	4.5 cm	O	O	O	O	O	◑~	◑~	●~	●	●

Abb. 26   Individuelle Bereichsbildung von 5 Tieren in jeweils 10 Testversuchen

O = statistisch bedeutsame Entscheidung für 'Klein'
● = statistisch bedeutsame Entscheidung für 'Groß'
◑ = Zuordnung zu 'Groß' und 'Klein'
~ = unsichere Zuordnungen (Verhalten)

(15) Ein Vergleich der Zuordnungsleistungen aller Tiere nach zehnmaliger Darbietung der Serie läßt als Trend erkennen: Die stärkere Orientierung an einem - durch die Dressur hervorgehobenen - Pol wird schneller aufgegeben,

wenn das erste Trainingsmuster das kleinste Glied der
Mannigfaltigkeit war (Abb. 26).

(16) Die Zusammenstellung der Zuordnungen aller mit Flächen untersuchten Tiere zeigt überdies, daß Form und Abstufung der Muster (in diesem mittleren Bereich) kein
konstituierendes Moment darstellen[1].

Übereinstimmend werden die Bereiche zwischen dem dritten
und vierten bzw. dem sechsten und siebten Glied der Serie getrennt (Abb. 25).

Das kleine Kollektiv zäsuriert zwischen IV. und V. Gegebenheit, nach zehn Zuordnungen zwischen V. und VI. (s. Abb.
27), d. h. die Kenntnis der Mannigfaltigkeit resultiert
in annähernd gleicher Ausdehnung der Bereiche. Große
Muster werden etwas stabiler zugeordnet.

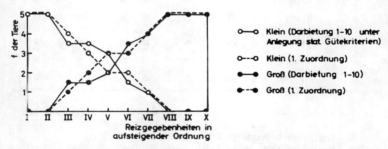

Abb. 27 Verteilung der Groß- Klein-Zuordnung auf eine 10-
gliedrige arithmetisch abgestufte Steigungsreihe
nach einmaliger und zehnmaliger Darbietung der
Serie (5 Tauben)

---

1) Später zu berichtende Übertragungsversuche erhärten diesen Befund. Einschränkend muß bemerkt werden, daß lediglich Flächen oder Körper mit gleichmäßiger Ausdehnung der kritischen Dimension verwandt wurden.

5.1.2   Die Verteilungsstruktur von Kindern und Erwach-
         senen

5.1.2.1 Funktion des Vergleichs

Der Vergleich der Urteilsverteilungen von Tieren, Kindern
und Erwachsenen bietet Informationen, die Theorien unterschiedlichen Integrationsniveaus stützen können.

(1) Zur Genese von Bezugssystemen

WITTEs genetisch orientierte Theorie mnestisch stabilisierter Bezugssysteme (WITTE 1960, vgl. auch RÖCKER 1965,
WINKELMANN 1961 und 1966, FISCHER-FRÖNDHOFF 1971, BRÄUER
1971) postuliert Beziehungen zwischen Entwicklungshöhe
einerseits, Stabilität, Artung und Reichtum der Strukturierung andererseits.

Der Vergleich als heuristische Methode, um Kategorisierungsleistungen der angesprochenen Gruppen nach Qualität und
Quantität zu erfassen, kann Belege für diese entwicklungs-
gebundene Ausfaltung erbringen.

(2) Zur Bedeutung von Bezugssystemen

Der von METZGER im Anschluß an WERTHEIMER und KOFFKA for-
mulierte Grundsatz
"Es gibt in so gut wie allen Gebieten des Seelischen die
Beziehung jedes Einzelbildes zu einem 'Bezugssystem' als
dem Gebiet, in dem es sich befindet und bewegt, in dem
es seinen Ort, seine Richtung und sein Maß hat..."
(METZGER 1940, S. 140)
impliziert Gültigkeit für alle Organismen, denen seeli-
sche Regungen zugeschrieben werden, sofern man den Menschen im Rahmen der Phylogenese nicht als etwas vollstän-
dig Neues interpretieren möchte (vgl. KOEHLER 1937).
Finden sich bei Tieren Verhaltensanalogien zu menschlichen
(auf Basis genetisch fixierter Strukturen erlernten)

Orientierungsleistungen, sensu KOEHLER als 'Grundvermögen' interpretierbar, stellt sich die Frage nach ihrem
Arterhaltungswert.

WITTE (1969) schreibt diesen Orientierungsmöglichkeiten
Entlastungsfunktionen zu, wie sie auch anderen Anpassungsleistungen (z. B. instinktgebundenen Verhaltenssteuerungen
oder bestimmten Informationsverarbeitungen des Wahrnehmungsapparates) eignen.

(3) Zur Frage allgemeiner Entwicklungsprinzipien
Phylogenese, Ontogenese und Aktualgenese lassen sich als
Veränderungsreihen, die bestimmten Orten eines zeitlichen
Kontinuums zugeordnet sind, definieren (vgl. THOMAE 1959).
Parallelitätsannahmen, wie sie sich im Anschluß an DARWIN
und HAECKEL in der Rekapitulationstheorie HALLs und noch
umfassender in WERNERs Ansatz niederschlagen, implizieren
Strukturierungsprinzipien, die die empirisch vorfindbaren
gradweise abgestuften 'Geistestypen' (WERNER 1959[4], S. 4)
in einen einsichtigen Zusammenhang bringen.

Läßt sich die Ausbildung einfacher Bezugssysteme als höheren Tieren und Menschen gemeinsames Grundvermögen psychischer Orientierung identifizieren und durch das Prinzip
der Differenzierung beschreiben, lassen sich darüber hinaus aktualgenetische Vorformen von phylogenetisch und
ontogenetisch frühen Formen scheiden, kann ein Beitrag
zur Frage allgemeiner Entwicklungsprinzipien geleistet
werden.

5.1.2.2 Die Zuordnungsleistungen von Kleinkindern

FISCHER-FRÖNDHOFF (1971) konnte beweisen, daß ein- bis
zweijährige Kinder, die nach einer Phase spielerischen

Materialumgangs ihre Zuordnungen treffen, zu einer ausgewogenen Zweibereichsbildung in der Lage sind.

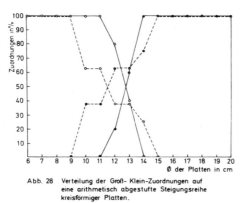

Abb. 28   Verteilung der Groß- Klein-Zuordnungen auf
eine arithmetisch abgestufte Steigungsreihe
kreisförmiger Platten.

------ Kinder ohne Materialerfahrung (N=8)
———— Kinder mit Materialerfahrung (N=5)

(Die Daten wurden FRÖNDHOFF 1971, S. 42
und S. 64 f entnommen.)

Ein Vergleich mit RÖCKERs Befunden und den Kategorisierungsleistungen von Tauben macht deutlich:

(1) Umgangserfahrungen mit dem einschlägigen Gegenstandsbereich sind - in guter Übereinstimmung mit WITTEs Annahmen - als wesentliches Moment einer realitätsangemessenen
Beurteilung der Gegebenheiten anzusetzen (s. Abb. 27, 28).

Dabei dürfte die längere Einspielungszeit der Tauben die
Spielphase bei Kindern der Funktion nach egalisieren.[1]

(2) Kinder und Tauben mit Materialerfahrung zeigen als
Kollektiv Zäsuren, die sich in guter Annäherung durch das
AM der Serie beschreiben lassen.

---

1) Ein Planversuch, der die Funktion von Einspielungszeit
und Spielphase klären soll, ist in Vorbereitung.

(3) Der Großbereich hat bei beiden Gruppen ein leichtes
Übergewicht.

(4) Die Zäsur des Kinderkollektivs ist im Gegensatz zur
Zäsurierung der Tauben nicht das Ergebnis mehr oder weniger starken Pendelns um eine Mitte, sondern das Resultat
stabiler Zuordnungen mit geringer Streuung, d.h. individuelle und kollektive Bereichsbildung weichen nur gering-
fügig voneinander ab.

Dieser Tatbestand trifft für Tauben mit gleichen Trainingsbedingungen (Polsukzession) als Trend zu (s. Abb. 11, 23,
24).

(5) Die Stabilität der kindlichen Kategorisierungsleistungen ist aus einem weiteren Grund hervorzuheben: Kinder
handeln eine 15-gliedrige Steigerungsreihe[1] ab, d.h. eine
längere Kette von Zwischengliedern legt Zuordnungen sowohl
zum einen wie anderen Pol nahe. In diesem mittleren Bereich ist zu erwarten, daß sich in der Bevorzugung einer
Seite die mehr oder weniger habituelle Neigung zum Rechts-
bzw. Linksextremismus manifestiert (HELLER 1959, HRUSCHKA
1959, WITTE 1960, vgl. auch WINKELMANN 1966).

Individualtypische Differenzierung findet sich bei ein-
bis zweijährigen Kindern (und Tauben) nur ansatzweise,
Entwicklungstypisches besitzt Vorrang.

5.1.2.3 Die Urteilsstruktur Erwachsener

RÖCKER (1965) untersuchte Erwachsene unter den gleichen
Bedingungen wie Kleinkinder im vorsprachlichen Alter, d.
h., ohne Benutzung verbaler Kategorien, um zu überprüfen,
inwieweit der Verzicht auf den für Erwachsene üblichen Be-

---

1) Die Erweiterung der Serie von 10 auf 15 Glieder führt
bei Tauben zu einer Primitivierung der Leistung im Sinne
einer einfachen Polzentrierung (s. Kap. 6.1). Der Frage,
ob Tauben etwa infolge härterer Versuchsbedingungen weniger leisten, ist nachzugehen.

urteilungsmodus die Urteilsverteilung verändert. Sie konnte zeigen, daß die Versuchspersonen - nach einigem Er-
staunen über die Versuchsanordnung (es waren Kreisscheiben
in zwei Taschen zu sortieren, der Versuchsleiter gab wort-
los Beispiele, wie dies zu geschehen sei) - Zuordnungsleistungen erbrachten, die nicht von den Ergebnissen ab-
wichen, die bei Vorgabe von zwei sprachlichen Kategorien
zu erwarten waren.

Unsere Versuchsanordnung ließ die Frage offen, in welcher
Weise Darbietungsart und Material die Kategorisierungsleistung beeinflußt.

Projizierte Kreisflächen sind - infolge allgemeinster Erfahrungen - zwar bekannte Beurteilungsobjekte; das Vor-
handensein eines stabilen Systems mit individuell festgelegten Grenzen und Teilbereichen, das die Einordnung
von Gegebenheiten des täglichen Umgangs erleichtert, läßt
sich jedoch nur bedingt erwarten.

HELLER (1959) konnte bei der Untersuchung simultan gege-
bener, in der Länge gleichmäßig abgestufter Strichmengen
nachweisen, daß erwachsene Vpn den dargebotenen Bereich
spontan so strukturieren, daß für das Kollektiv Gleichverteilung der Kategorienhäufigkeiten und gleiche Größe
der Kategorialabschnitte resultieren.
Hier wird die mnestische Verankerung durch die - nach
gleichen Prinzipien verlaufende - perzeptive Organisation
egalisiert (vgl. KÖHLER und v. RESTORFF 1933).

Die sukzessive Vorgabe der Serienglieder bietet weit geringere Orientierungsmöglichkeiten. Reichen sie für erwachsene Versuchspersonen zu einer ausgewogenen Bereichsbildung bereits nach dem ersten kritischen Versuch aus, so
ist diese Leistung höher einzustufen als die unter gleichen Wahrnehmungsbedingungen von Tauben (nach 20 Versuchen)
und Kindern (mit Materialerfahrung) abgeforderten Zuordnungen.

An anderen Materialien[1] gewonnene Erfahrungen im Sinne eines "Bezugssystemschemas" (WITTE 1960, S. 247 - 248) könnten die Orientierungslücken ausfüllen und Einspielungszeit
bzw. Spielphase ersetzen.

---

1) Die Annahme spezifischer V e r s u c h s vorerfahrungen entfällt, da die von uns geprüften Versuchspersonen
psychologische Laien sind.

Zur Klärung der angeschnittenen Fragen wurden vier junge
Erwachsene (Alter: 20 - 28 Jahre) so vor den Versuchs-
kasten für Tauben gesetzt, daß sie durch die Eingangsöffnung auf die Musterwand blicken konnten. In Entsprechung
zu den Tauben- und Kinderversuchen wurden ihnen zunächst
zehn mal die Pole, dann alle Kreisflächen in bunter Folge
geboten, die sie nach den vorgegebenen Kategorien 'groß'
und 'klein' einzustufen hatten. Spontane Unsicherheits-
äußerungen wurden notiert.

Die Befunde dieser Kategorisierungsversuche sind in den
Abbildungen 29 - 38 dargestellt.

Im Vergleich zu Kleinkindern und Tauben sind folgende Momente hervorzuheben:

(1) Erwachsene bilden klare, in Polnähe übereinstimmende
Bereiche; ein mittlerer Abschnitt der Steigerungsreihe ist
erwartungsgemäß durch interindividuelle Urteilsstreuung
gekennzeichnet (Abb. 29, 30 - 33 und 38).

Kreise in aufsteigender Ordnung (Ø in cm)

	4.5	6.0	7.5	9.0	10.5	12.0	13.5	15.0	16.5	18.0
1. Zuordnung	O	O	O	O	O	O	~●	●	●	●
10. Zuordnung	O	O	O	O	O	O	●	●	●	●
a) Vp M ♀										
1. Zuordnung	O	O	~O	●	●	●	●	●	●	●
10. Zuordnung	O	O	~●	~O	~O	~O	●	●	●	●
b) Vp E ♂										
1. Zuordnung	O	O	O	O	O	O	●	●	●	
10. Zuordnung	O	O	O	O	O	O	●	●	●	
c) Vp Schr♂										
1. Zuordnung	O	O	O	O	●	●	●	●	●	●
10. Zuordnung	O	O	~O	~●	~●	●	●	●	●	●
d) Vp S ♂										

Abb. 29 Individuelle Bereichsbildung nach 1. und 10.
Zuordnung. Kreise, Serie 4.5 - 18.0 (d = 1.5),
Vpn : Junge Erwachsene

O = Zuordnung zur 'Klein'-Tür
● = Zuordnung zur 'Groß'-Tür
~ = unsichere Zuordnung (Aussage)

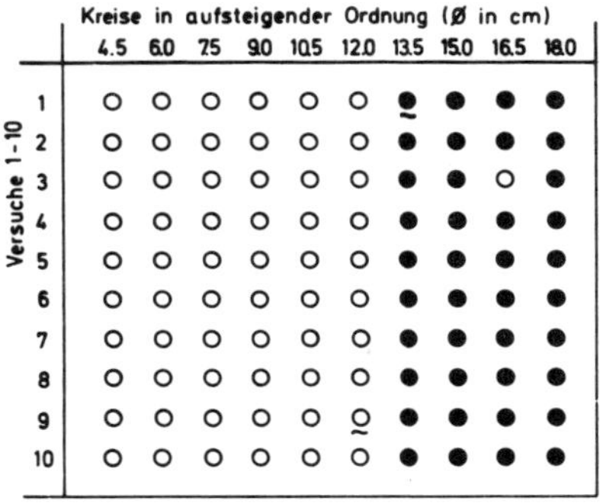

Abb. 30 Individuelle Bereichsbildung in 10 aufeinanderfolgenden Versuchen, Serie 4.5 - 18.0
(d = 1.5), Vp M ♀

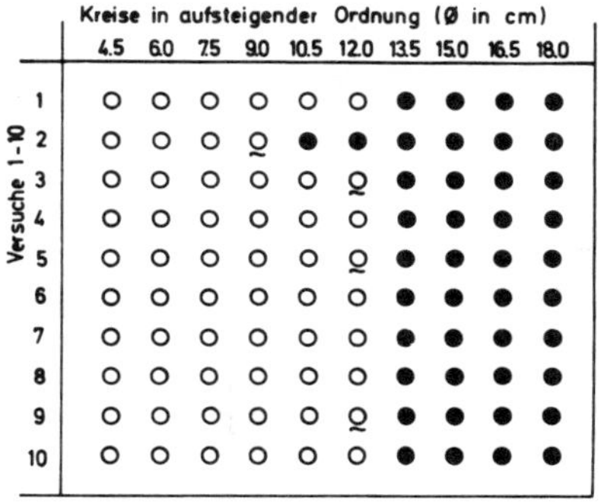

Abb. 32 Individuelle Bereichsbildung in 10 aufeinanderfolgenden Versuchen, Serie 4.5 - 18.0
(d = 1.5), Vp Sch ♂

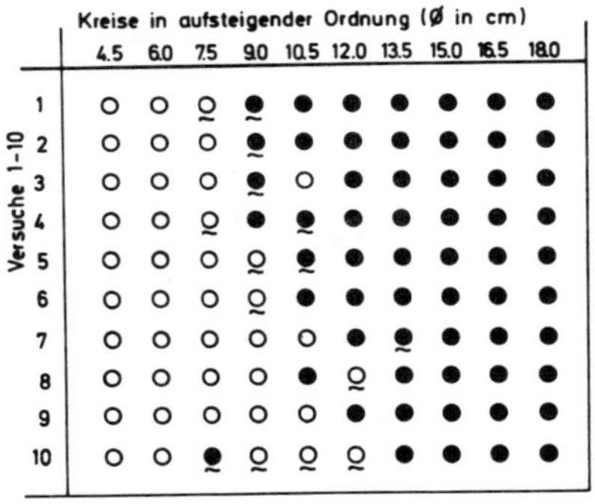

Abb. 31 Individuelle Bereichsbildung in 10 aufeinanderfolgenden Versuchen, Serie 4.5 - 18.0
(d = 1.5), Vp E ♂

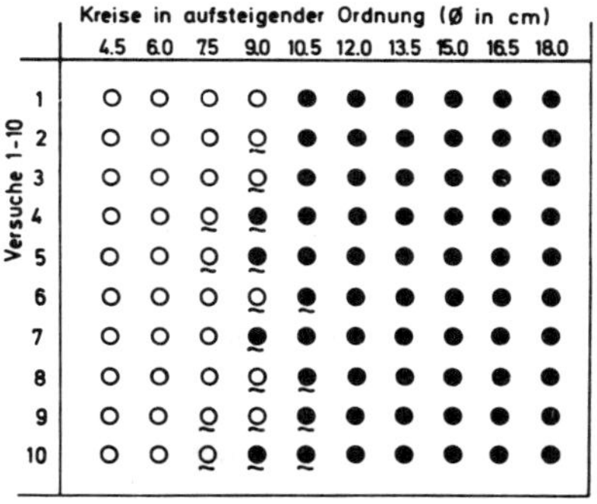

Abb. 33 Individuelle Bereichsbildung in 10 aufeinanderfolgenden Versuchen, Serie 4.5 - 18.0
(d = 1.5), Vp S ♂

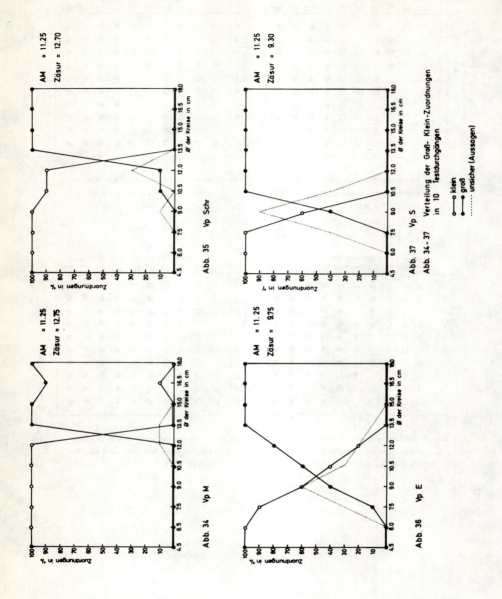

Abb. 34 Vp M

Abb. 35 Vp Schr

Abb. 36 Vp E

Abb. 37 Vp S

Abb. 34 - 37 Verteilung der Groß-, Klein-Zuordnungen
in 10 Testdurchgängen

| | Kreise in aufsteigender Ordnung (∅ in cm) | | | | | | | | | |
	4.5	6.0	7.5	9.0	10.5	12.0	13.5	15.0	16.5	18.0
Vp M	○	○	○	○	○	○	●	●	●	●
Vp E	○	○	◎̰	◍̰	◍̰	◍̰	●	●	●	●
Vp Schr	○	○	○	○	○	◎̰	●	●	●	●
Vp S	○	○	◎̰	◍̰	●̰	●	●	●	●	●

Abb. 38   Individuelle Bereichsbildung in 10 Testversuchen
unter Anlegung statistischer Gütekriterien.

○ statistisch bedeutsame Entscheidung für 'Klein'
◍ Zuordnung zu 'Groß' und 'Klein'
● statistisch bedeutsame Entscheidung für 'Groß'
~ unsichere Zuordnungen (Aussage)

(2) Die Zahl der Durchgänge wirkt sich lediglich bei einer Versuchsperson als Einspielung aus (s. Abb. 31/30,
32, 33); die übrigen Probanden urteilen - unter Zulassung
kleiner Abweichungen - konstant.

(3) Die Höhe der interindividuellen Streuung kovariiert
mit der Anzahl der als 'unsicher' klassifizierten Urteile.

Da sich die Gebiete von Urteilsstreuung und Urteilsunsicherheit decken (s. Abb. 31, 33) und die Verunsicherung einen
zunehmenden Trend zeigt, liegt die Vermutung nahe, daß die
durch die Versuchsanweisung getroffene Vereinbarung nur
mit Mühe eingehalten werden kann.

Für differenzierte Erwachsene liegt eine grobe Dichotomi-
sierung unter dem gewohnten Urteilsniveau (vgl. auch

HRUSCHKA 1959); d.h.: die Kategorisierungsvorschriften
müssen dem Differenzierungsvermögen des Beurteilers entsprechen.

Die Kategorisierungsleistung Erwachsener läßt sich durch
kollektive Übereinstimmung in Polnähe und individualtypische Zuordnungen im mittleren Bereich charakterisieren.
Dabei zeigen drei von vier Versuchspersonen eine Beurtei-
lungskonstanz, die sich im Sinne einer Individualkonstante
deuten läßt.

5.1.3 Die Änderung der Verteilungsstruktur als Indikator für die Genese eines bipolaren Systems

"Ein System ist definiert als eine Menge von in Wechselbeziehungen stehenden Elementen oder durch eine ähnliche
Proposition... Zu Systemeigenschaften gehören multivariable
Wechselwirkung, Erhaltung des Ganzen im Gegeneinanderwir-
ken der Teile, vielschichtige Organisation in Systemen
immer höherer Ordnung, Differenzierung, Zentralisierung,
progressive Mechanisierung, Steuerungs- und Auslösungs-
kausalität, Entwicklung zu höherer Organisation, Konkur-
renz, Teleologie und Zielgerichtetheit in verschiedenen
Formen usw." (L. v. BERTALANFFY, 1967, zit. nach der dtsch.
Ausgabe 1970, S. 122 f).

WITTE postuliert für die Genese mnestisch stabilisierter
eindimensionaler Bezugssysteme folgende Organisations-
prinzipien und -stufen:

"A) Bereichsbildung nach Ähnlichkeit", B) "Freie Endglieder" (im Sinne von H. v. RESTORFF) als strukturbetonte
Pole, die ihnen Ähnliches organisierend an sich ziehen
und so zur Ausbildung von Sonderbereichen führen, C) Ausbildung einer Unsicherheitsstelle als Zäsur zwischen diesen beiden Sonderbereichen, D) anorganisierende Rolle dieser Unsicherheitsstelle, in dieser Funktion "Mitte" genannt usf... (1960, S. 249)

WINKELMANN (1961) und BRÄUER (1971) konnten im Rahmen
von Querschnittuntersuchungen hinreichend belegen, daß
dieser (aktualgenetische) Differenzierungsprozeß in der
Ontogenese des kindlichen Urteilsvermögens eine Parallele
besitzt.

RÖCKER (1965) und FISCHER-FRÖNDHOFF (1971) wiesen die
Ausbildung von Sonderbereichen bereits bei ein- bis
zweijährigen Kindern nach. Eine methodenkritische Befundbetrachtung läßt Güte und Ausgewogenheit der System-
struktur als eine Funktion der Materialerfahrung sehen
(vgl. auch WITTE 1971).

Die Kategorisierungsleistung Unerfahrener (und Urteilsun-
geübter) ist im Sinne einfacher Zentrierung eher an einem
Pol orientiert; die organisierende Wirkung beider Pole
kann als eine (aktual- und ontogenetisch) höhere Stufe
verstanden werden.

Dabei legt unsere Untersuchung nahe, von der anorganisie-
renden Wirkung eines durch die Dressur herausgehobenen
Pols auszugehen (vgl. Kap. 4.2.3 und 5.1.1).

Der Vergleich der Urteilsverteilung von Tieren, Kindern und
Erwachsenen läßt folgende Stufen erkennen:

1. Bereichsbildung nach Ähnlichkeit als grundlegendes Organisationsprinzip

	Tauben	Kinder	Erwachsene
geringe Materialkenntnis	2. Anorganisierende Wirkung eines durch die Dressur herausgehobenen Pols, Absondern der übrigen Gegebenheiten	Anorganisierende Wirkung eines (präferierten) Pols, Absondern der übrigen Gegebenheiten (Röcker 1965)	Anorganisierende Wirkung beider Pole; Ausbildung individualtypischer Sonderbereiche, die in ausgewogener Bereichsbildung des Kollektives resultieren
hinreichende Materialkenntnis	3. Anorganisierende Wirkung beider Pole. Großer Unsicherheitsbereich, geringe Urteilskonstanz im mittleren Serienabschnitt	Anorganisierende Wirkung beider Pole Stabile Bereiche mit geringer inter- und intraindividuellen Streuung (Fischer-Fröndhoff 1971)	Vergrößerung des Unsicherheitsbereiches als Ausdruck inadäquater Leistungsanforderungen ↓ Genese der Mitte, sofern in Instruktion oder Lebenskontext zugelassen
	↓	↓	
	4. Ansätze einer Mittenbildung	Ansätze einer Mittenbildung (Röcker 1965, Winkelmann 1961)	Differenzierung in weitere Sonderbereiche (bei angemessenen Kategorisierungsvorschriften bzw. bei durch Alltagsnotwendigkeiten nahegelegten Differenzierungsbedürfnissen, z.B. bei Beurteilung von Windstärken, Härtegraden ect.)
	↓	↓	
	5. ?	mit fortschreitender Entwicklung: Dreibereichsstruktur usf. (Winkelmann 1961, Bräuer 1971)	usf.

Die Frage, ob Tauben mit der Ausbildung von zwei Sonderbereichen und einzelnen Ansätzen zur Mittenbildung bereits
die Grenze ihrer Leistungsfähigkeit erreicht haben, muß
zunächst offen bleiben.

Ähnliches gilt für die Beurteilung des Stabilitätsgefälles.
Hier kann erst eine systematische Variation der Bedingun-
gen zeigen, welche Funktion der Entwicklungshöhe, welcher
Einfluß der Versuchsmethodik zukommt.

Eine Sichtung der im Anschluß an die Befunde der Vorversuche gewonnenen Interpretationsansätze führt zu folgenden
Präzisierungen:

(1) Der Zusammenhang von Sukzession der Trainingsmuster
und ersten Bereichsumfängen kann bei allen untersuchten
Tieren als gesichert gelten. Damit wird die Annahme eines
Dressurartefakts, das den Einspielungsbeginn bestimmt,
plausibel.

(2) Die gelungene Einspielung schließt die Annahme ein-
seitiger Wegepräferenzen ebenso aus wie eine bedeutsame
Wirkung des 'stimulus intensity dynamism'.

Inwieweit die instabilen Zuordnungen des mittleren Bereichs auf Wege- oder Intensitätspräferenzen beruhen,
läßt sich anhand unserer Daten nicht klären.

(3) Die gelungene Einspielung schließt ferner die Annahme
aus, daß Tauben Extensitäten phänomenal anders erleben
als Menschen.

Die anfänglich in Nähe des Groß- oder Kleinpols liegende
Zäsur   k a n n   im Sinne des FECHNERschen Gesetzes
interpretiert werden: Je nach figurierendem Muster wird
auf Anwachsen oder Abnehmen der Größe reagiert.
Unseres Erachtens ist in diesem Zusammenhang mit einem
Wechsel der Modalitäten zu rechnen: Die Beurteilung der

Trainingsmuster nach Intensität geht bei näherer Kenntnis
der Serie in die Beurteilung von Extensitäten über und
folgt dann den bei Menschen üblichen Gesetzmäßigkeiten.

(4) Unbeschadet der Frage, ob die anfänglichen Bereichsbildungen Gleichverteilungen nach logarithmischer Trans-
formation oder Ungleichverteilungen bei arithmetischer
Progression darstellen, bleibt festzuhalten, daß zunächst
ein Pol figuriert; die anorganisierende Wirkung beider
Pole ist bei Urteilsungeübten als Funktion der Umgangserfahrungen mit der zu beurteilenden Mannigfaltigkeit zu
sehen.

Zentrierung auf einen Pol als einfache Form psychischer
Orientierung wird im Laufe der Einübungszeit von einer
bipolaren Orientierungsstruktur abgelöst, die durch Gleichverteilung der Urteilshäufigkeiten und gleichen Umfang
der Kategorialabschnitte gekennzeichnet ist.

5.2   Spontan-Verhalten als Beleg für die Genese eines
          bipolaren Systems

5.2.1   Verhaltensbesonderheiten

5.2.1.1 Definition des 'Normal'-Verhaltens

Wie eingangs erörtert, wurde die Dressur so lange fortge-
führt, bis das Kriterium eines 'glatten Verlaufs' erreicht
war.

Dieses Verfahren bot neben dem Abwarten der sicheren Beherrschung der Zuordnungshandlung den Vorteil, Verhaltensabweichungen als solche identifizieren zu können.

In die letzte Etappe des Trainings fiel die Entwicklung
einer Handlungsgestalt, die durch Zielstrebigkeit und
Ökonomie gekennzeichnet ist.

Nach Öffnen der Zugtür betritt die Taube den Versuchskäfig und steuert ohne Verzögerung eines der beiden Kläppchen an, das sie mit einem energischen Schnabelhieb auf-
stößt. Nach der Futteraufnahme verläßt sie, wiederum zügig, den Kasten.

5.2.1.2 Verhaltenskategorien

Die Verhaltensbesonderheiten, die in der von uns hergestellten Leistungssituation gezeigt wurden, lassen sich
z.T. als arteigenes Sozialverhalten, z.T. als Erkundungs-
und situationstypisches Entscheidungsverhalten klassifi-
zieren. Eine Zusammenstellung bringt Tab. 7.
Wir vermuten, daß die Abweichungen vom glatten Verlauf
einen Ausdruck der Unsicherheit darstellen, der dem dies-
bezüglichen spontanen menschlichen Verbalverhalten entspricht.

Für die Interpretation der Zuordnungsverteilungen sind
Verhaltensweisen, die einen Konflikt ausdrücken, von be-
sonderem Interesse (s. Kap. 3.4).

Sie lassen strukturelle Gemeinsamkeiten mit menschlichem
Konfliktverhalten deutlich erkennen.

Auch hier zeigen sich entwicklungstypische Stufen:
während Erwachsene den Konflikt gewöhnlich verbalisieren
(HRUSCHKA 1959, S. 17 ff), findet er bei jungen Kindern
und Tieren seinen Ausdruck in der Motorik (Hin- und Her-
wandern des Blicks, Hin- und Herlaufen, spontanes Korri-
gieren der zuerst getroffenen Entscheidung; vgl. RÖCKER
1965, WINKELMANN 1961). 'Überlegungen' vor einer Entscheidung manifestieren sich als 'Probehandeln' im wört-
lichen Sinn.
Dabei sind phänomenal und funktional verschiedene Stufen
unterscheidbar: Die distanzierteste Form (Hin- und Her-
wandern des Blickes) scheint dem menschlichen Ventilie-
ren einer Entscheidung funktional am nächsten zu kommen
(s. Kap. 5.2.1.5).

Verhaltenskategorie	Bedeutung (für Artgenossen)	Funktionskreis
Schwanz spreizen Schlagen mit d.Flügelbugen Auf ein Türchen 'losstürzen' Zittern d. Flügelspitzen geduckt zum Türchen 'schleichen'	Imponieren Kämpfen (Tauber) Kämpfen (Täubinnen) Demutsgebärde Entsprechung zum 'Drücken' bei Bedrohung von oben(?)	Innerart-liche Ag-gression (Rangord-nungsver-halten)
gespannte Annäherung langhalsiges vorsichtiges Annähern an die Muster- wand, angelegtes Gefieder	arteigene Annäherungsweise an neue(bedrohliche?) Ob- jekte der Außenwelt	Erkun-dungsver-halten (Kon-flikt)
'Probehandeln' (1) Die Taube verharrt in der Mitte des Versuchskä- figs und wendet den Kopf abwechselnd beiden Tür- chen zu (VTE$_{HT}$*). (2) Die Taube geht erst zu einem, dann zum an- deren Türchen ohne zu picken (VTE$_L$**). Korrektur Die Taube trifft nach der ersten Wahl sofort eine zweite Handeln an Ersatzorten Die Taube pickt vor- sichtig in die Ecke neben dem Türchen oder auf die Kante vor das Türchen	Entscheidungsverhalten mit art- typischer Ausprägung, das struk- turelle Gemeinsamkeiten mit Kon- fliktverhalten von Menschen (und anderen höheren Tieren) aufweist.	Konflikt

Tabelle 7: Verhaltenskategorien, nach Funktionen geordnet

---

1) In der amerikanischen Literatur werden die unter (1) und (2) be-schriebenen Verhaltensweisen mit dem Begriff 'Vicarious Trial and Error' (VTE) zusammengefaßt (MUENZINGER 1938, 1956; TOLMAN und MINIUM 1942; GOSS und WISCHNER 1956; BRUNER 1957). Der FREUDsche Terminus 'Probehandeln' drückt u.E. den beobachtbaren Tatbestand besser aus, als die deutsche Übersetzung in 'stellvertretendes Ver-suchs- und Irrtums-Verhalten oder 'symbolisches Versuchs- und Irrtums-Verhalten; der Terminus 'Probehandeln' ist dabei allerdings wörtlich gemeint!

* VTE$_{HT}$ = Vicarious Trial and Error, Head Turning   (Erklärung im Text)

** VTE$_L$ = Vicarious Trial and Error, Locomotion

5.2.1.3 Verteilung der unsicheren Zuordnungen[1] auf die
        Mannigfaltigkeit

Eine Zusammenstellung der Häufigkeiten unsicherer Zuordnungen zeigt Tab. 8

	Häufigkeiten unsicherer Zuordnungen		
Tier	Durchgang 1 - 20	Durchgang 1 - 10	Durchgang 11 - 20
Gelb	32	19	13
Hell	18	12	6
Dunkel	14	6	8
	64	37	27

Die Verteilung auf die Mannigfaltigkeit ist in Abb. 39
dargestellt.

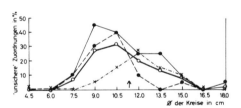

Abb. 39 Verteilung der unsicheren Zuordnungen in %.

o————o Kollektiv
•————• Taube 'Gelb'
•-----• Taube 'Hell'
x—··—··—x Taube 'Dunkel'

---

1) Als 'unsicher' wurde eine Zuordnung dann bezeichnet,
   wenn sie von Verhaltens a b w e i c h u n g e n begleitet war. Anzahl, Dauer und Intensität sind dabei
   nicht berücksichtigt.

Eine Aufteilung der unsicheren Zuordnungen nach Verhaltenskategorien ist nur für Taube 'Gelb' (32 unsichere Urteile) lohnend. Die Verteilung auf die Serienglieder zeigt Abb. 40.

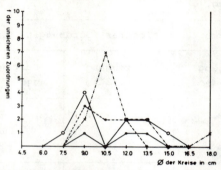

Abb. 40: Verteilung der unsicheren Zuordnungen nach Kategorien aufgeteilt, Taube "Gelb".

o————o VTE$_{HT}$
•————• VTE$_L$
•------• Korrektur
x—·—·x gespannte Annäherung

Die Befunde machen deutlich:

(1) Die Häufigkeit der Verhaltensabweichungen variiert von Tier zu Tier ($p < 0.05$).

(2) Die Urteilsunsicherheit nimmt mit zunehmender Materialerfahrung ab; eine statistische Überprüfung weist diese Abnahme als Trend aus ($p < 0.10$).

(3) 86 % der unsicheren Zuordnungen liegen im mittleren Abschnitt der Mannigfaltigkeit (Kreise Ø 9.0, 10.5, 12.0, 13.5).

(4) Eine Überprüfung der Verteilungen der unsicheren Zuordnungen unter zwei Bedingungen (polnahe Kreise gegen Zwischengrößen) anhand des Friedman-Tests bestätigt die Annahme, daß die Einstufung von Reizgegebenheiten, die im mittleren Abschnitt der Steigerungsreihe liegen (Kreise 9.0 - 13.5), vermehrt mit Verhaltensabweichungen einhergeht ($p < 0.01$).

(5) Die Gipfel der individuellen Verteilungen der unsicheren Zuordnungen liegen in unmittelbarer Nähe der individuellen Zäsuren.

(6) Die Verteilungsstruktur der nach Kategorien differenzierten unsicheren Zuordnungen legt die Vermutung nahe, daß
den verschiedenen Formen der Verhaltensabweichungen unterschiedliche Funktionen zukommen (s. Abb. 40). Damit ist
eine dementsprechend eingehende Analyse nahegelegt.

5.2.1.4 Die Verteilungsstruktur der Verhaltensabwei-
chungen

Tab. 9 faßt die aufgeschlüsselten Verhaltensabweichungen
aller Tiere zusammen.

In diese Aufgliederung geht jede einzelne Verhaltensab-
weichung ein. Da bei einigen Mustern mehrere Verhaltensbesonderheiten zu beobachten waren, ist die Gesamtsumme
höher als die Zahl der unsicheren Zuordnungen.

Die Verteilung der Kategorien auf die Mannigfaltigkeit
zeigt Abb. 41.

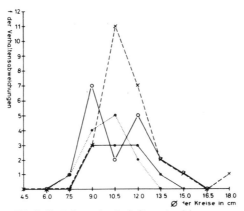

Abb. 41: Verteilung der Verhaltensabweichungen
auf die Mannigfaltigkeit.

●············● Korrektur
○————○ VTE_{HT}
●————● VTE_L
✗----✗ gespannte Annäherung.

Kategorie	Kreise in aufsteigender Ordnung (∅ in cm)									
	4.5	6.0	7.5	9.0	10.5	12.0	13.5	15.0	16.5	18.0
Aggressives Verhalten[1]				2		4		1		
Gespannte Annäherung				3	11	7	2	1		1
VTE_{HT}			1	7	2	5	2	1		
VTE_L				3	3	3	1	1		
Korrektur			1	4	5	2				
Handeln an Ersatzorten					1	2				
Summe	0	0	2	19	22	23	5	4	0	1

Tab.9: Verteilung der Abweichungshäufigkeiten auf die Serie

1) Alle Verhaltensweisen, die sich auf innerartliche Auseinandersetzung beziehen, sind in der Kategorie 'Aggressives Verhalten' zusammengefaßt. Hier werden also auch 'Demutsgebärden' als Komplement zu An-griffsverhalten gerechnet.

- 117 -

Die Verrechnung aller Verhaltensabweichungen verschärft
die Konturen der Verteilung:

(1) Der Häufigkeitsgipfel liegt mit kleinen Abständen bei
den Kreisen 12.0, 10.5 und 9.0 (s. Tab. 9).

(2) Häufigkeitsunterschiede zwischen dem gesamten Groß-
bzw. Kleinbereich sind statistisch nicht bedeutsam.

(3) Eine Überprüfung der auf die mittleren Reizgegebenheiten entfallenden Häufigkeiten zeigt: 91 % aller Verhaltensabweichungen sind bei den Kreisen der Durchmessergröße
9.0 - 13.5 cm zu finden.

(4) Die Verteilung auf die Serie ist unsymmetrisch: Die
Wahrnehmungssituation bei Darbietung des Kreises 9.0 wird
offensichtlich irritierender erlebt als bei Kreis 13.5
($p < 0.01$).

Die Befunde belegen hinreichend, daß der mittlere Abschnitt
der Steigerungsreihe in bezug auf die Zahl der Verhaltensabweichungen phänomenal ausgezeichnet ist.

5.2.1.5 Zur Funktion symbolischer Verhaltensweisen

Die Aufschlüsselung der Verhaltensabweichungen gestattet
Aussagen über die Funktion der einzelnen Verhaltenswei-
sen. Eine Zusammenstellung von Verhaltenskategorien und
Fehlern[1] bringt Tabelle 10.

MUENZINGER (1938) postuliert einen positiven Zusammenhang zwischen der Auftretenshäufigkeit von "vicarious
trial and error" und der Güte der Lernleistung.

---

1) Fehler werden operational als Groß-Zuordnungen im
   Klein-Bereich und Klein-Zuordnungen im Groß-Bereich
   definiert (Teilung nach AM der Serie).

Verhaltenskreis	Taube Gelb	Taube Hell	Taube Dunkel	Summe	Fehler	Fehler %
Aggressives Verhalten	6	0	1	7	6	87.7
gespannte Annäherung	14	8	3	25	5	20
VTE_{HT}	10	3	5	18	0	0
VTE_L	3	5	3	11	5	45.8
Korrektur	7	3	2	12	7	58.3
Handeln an Ersatzorten	0	2	1	3	1	33.3
	40	21	15	76	24 = (von 64)	37.5 %

Tab 10: Verhaltenskategorien und Fehler nach Funktionskreisen aufgeteilt

GOSS und WISCHNER (1968) stellen diese Beziehung nach
Sichtung einiger neuerer Untersuchungen in Frage.

Eine differenzierende Betrachtung der beobachtbaren
Phänomene legt u.E. nahe, die inhaltliche Diskussion
zunächst auf ein Klassifikationsproblem zu reduzieren.

Die phänomenale Unterscheidung verschiedener Stufen symbolischen Verhaltens' führt auch zu einer Unterscheidung
ihrer funktionalen Bedeutung:

(1) Die distanzierte Form des VTE_{HT} (Hin- und Her-Wenden
des Kopfes) ist als günstige Voraussetzung korrekter Entscheidungen auch bei schwierigen Mustern zu betrachten
(N = 18; 0 Fehler, s. Tab. 10).

Offensichtlich machen sich die spontan eingelegte Pause
und das ruhige Überschauen der Gesamtsituation positiv
geltend.

(2) Weniger erfolgreich sind die Wahlen nach VTE_L (Hin-
und Her-Laufen).
Phänomenal eher durch Hast und Irritiertheit als durch
Bedächtigkeit und Abstand zu kennzeichnen, ist dieses
Verhalten auch funktional von VTE_{HT} zu trennen (N = 11,
5 Fehler).

Motorische Annäherung an eins von zwei gleich belohnten
Zielen muß das Verhältnis der auf das Tier einwirkenden
appetenten und aversiven Kräfte empfindlich verändern,
das Greifbare wird gewählt (vgl. BROWN 1942, MILLER 1944).

(3) Von beiden Formen zu trennen, vermutlich aber in ihren Umkreis gehörend, sind die Kategorien "gespannte Annäherung" einerseits, "spontane Korrektur" andererseits

"Gespannte Annäherung" besitzt Anteile des Pausierens vor
der Wahl; das bedächtige Überschauen der Situation fehlt
jedoch. Die Fehlerzahl (20 %, N = 25) drückt im Vergleich
zu VTE$_{HT}$ geringere Effizienz aus.

Theoretisch besonders interessant ist u.E. die Verhaltenskategorie "spontane Korrektur". Da alle Wahlen belohnt
wurden, stellt ihr Auftreten die alleinige Gültigkeit von
Verstärkungstheorien (im Sinne HULLs und SKINNERs) in Frage.

Die Häufung der Kategorie im mittleren Serienbereich (9.0,
10.5, 12.0, s. Abb. 41) legt nahe, die Funktion des "reinforcement" zu erörtern.
Bei leicht einstufbaren Reizgegebenheiten (Polnähe der
Muster) können Belohnungen ihre doppelte Wirkung als Bestätigung und Möglichkeit der Bedürfnisbefriedigung entfalten.

Bei den konfliktbeladenen Mustern des mittleren Serienbe-
reichs wird das befriedigende Moment zwar wirksam, die
damit verbundene Information über Korrektheit oder Inkor-
rektheit des Verhaltens scheint sich jedoch nicht mit den
Informationen zu decken, die die Taube durch Dressur und
Vorerfahrungen mit der Serie erhalten hat.

Die Tiere rücken also ihr Weltbild zurecht, indem sie
sich mittels einer korrigierenden Wahl weiterer Informationen versichern.

5.2.2 Ansätze einer Mittenbildung

Als Mittenwahlen wurden spontane Entscheidungen für den
mittleren (untrainierten) Pickort verrechnet.

Tabelle 11 zeigt die Häufigkeiten in ihrer Verteilung auf die Mannigfaltigkeit (vgl. auch Abb. 19 - 21).

Taube	Kreise in aufsteigender Ordnung (Ø in cm)										
	4.5	6.0	7.5	9.0	10.5	12.0	13.5	15.0	16.5	18.0	Σ
Gelb				4	2	1		1			8
Dunkel					1	1	1				3
Hell											0
				4	3	2	1	1			11

Tab. 11: Häufigkeiten spontaner Wahlen der mittleren Tür

Die Befunde machen deutlich:

(1) Nur zwei der drei Tiere sind zu einer Transposition des an bestimmten Orten erlernten Zuordnungsverhaltens auf einen dritten Ort fähig.

(2) Die Wahl des mittleren Pickortes bleibt auch bei dieser prinzipiellen Transpositionsfähigkeit eine sehr exklusive Entscheidung.

(3) Mittenwahlen werden bis auf eine Abweichung lediglich für mittlere Glieder der Steigerungsreihe getroffen.

Eine Überprüfung der Verteilungen der Mittenwahlen auf die Glieder der Mannigfaltigkeit, aufgeteilt nach polnahen Mustern und Zwischengrößen (Kreise 9.0 - 13.5), weist diesen Befund als statistisch bedeutsam aus (p < 0.01).

Die theoretische Bedeutung der Mittenwahl für den Nachweis einer Systemgenese erfordert eine strenge Absicherung gegen Zufallsverhalten.

Echte Mittenwahlen müssen u.E. zwei Bedingungen erfüllen:

(1) Sie werden angesichts von Reizgegebenheiten getroffen,
die objektiv in einem mittleren Serienbereich liegen, subjektiv durch Urteilsstreuung gekennzeichnet sind.

(2) Sie sind phänomenal an Verhaltensabweichungen als Ausdruck des Hin- und Hergerissenseins zwischen zwei gleichgewichtigen Möglichkeiten erkennbar.

Eine Zusammenstellung mittlerer Wahlen und begleitender
Verhaltensabweichungen zeigt Tab. 12.

Muster	Verhalten
9.0	VTE_{HT}, VTE_L, Doppel-Korrektur[1] (MKM)
9.0	gespannte Annäherung
9.0	gespannte Annäherung
9.0	aggressives Verhalten ('losstürzen')
10.5	gespannte Annäherung
10.5	gespannte Annäherung
10.5	gespannte Annäherung
12.0	Doppel-Korrektur (MKG)
12.0	VTE_{HT}
13.5	gespannte Annäherung
15.0	aggressives Verhalten ('losstürzen')

Tab. 12: Mittenwahlen und Verhaltensabweichungen

M = Mitte

K = Klein

G = Groß

1) Korrekturen sind bei Wahl des mittleren Pickortes üb-
   lich (fehlende Belohnung); sie werden nur aufgeführt,
   wenn sie von 'normalen' Korrekturen abweichen.
   In die Analyse der Verhaltensabweichungen gehen lediglich 'Doppelkorrekturen' ein.

Eine Sichtung der Befunde verdeutlicht:

Die Bedingung begleitender Verhaltensbesonderheiten wird
für jede Wahl erfüllt (= 100 %)[1], der Forderung nach Lage
an Systemstellen, in denen sich Mittelbereich der Serie
und individueller Unsicherheitsbereich überlappen, genü-
gen zehn der elf Wahlen (= 91 %)[2].

Damit ist u.E. die Grundlage vorhanden, diese Zuordnungen
inhaltlich von den üblichen Rechts-links-Entscheidungen
einerseits, den symbolischen Verhaltensweisen andererseits
abzusetzen.

Der Dressurerfolg besteht im Aufbau einer Handlungsgestalt,
deren Ablauf und Richtung durch die als Anweiser fungierenden Trainingsmuster bestimmt wird. Bei Variation der
Reizgegebenheiten bleibt die Handlungsgestalt konstant,
der Ort, auf den sie bezogen ist, wird passend (und nach
vorhandenen Möglichkeiten) variiert.

Damit kommen diesen Verhaltensweisen Qualitäten zu, die
WITTE im Anschluß an v. EHRENFELS und KÖHLER unter Transposition faßt und als "Invarianz bei Kovariation" definiert (WITTE 1960, S. 406).
Einschränkungen sind allerdings notwendig:
Dem spontan auf einen neuen Ort bezogenen Zuordnungsverhalten fehlt die freie Verfügbarkeit, die in einer kon-

---

1) Dagegen werden nur 29 % der Zuordnungen von Reizgegebenheiten des mittleren Serienabschnitts (Ø 9.0 - 13.5)
   und 12,7 % aller Wahlen von Verhaltensauffälligkeiten
   begleitet.

2) Die einzige 'falsche' Mittenwahl (Taube 'Gelb': Ø 15.0)
   läßt sich im Rahmen einer Sukzessionsanalyse als sinnvoll einordnen.
   Taube 'Gelb' hatte vor Kreis 15.0 Kreis 12.0 zuzuordnen,
   den sie als 'klein' einstufte. Faßt man das Vormuster
   als Substitut des zu diesem Pickort gehörenden Pols auf,
   so liegt Kreis 15.0 genau in der Mitte zwischen Klein-
   pol-Substitut (12.0) und Großpol (18.0).

stanten Behandlung der subjektiv als weder groß noch
klein erlebten Kreisflächen resultieren müßte, sofern
die Übertragung erst geleistet ist.
Das Verhalten ist situationsadäquat, aber nicht 'einsich-
tig' (vgl. KÖHLER 1917, WERTHEIMER 1957).
Nachfolgende Korrekturen und das Verschwinden der Mittenwahl innerhalb der Serienabfolge (Taube 'Gelb', Abb. 44
a - e) verdeutlichen die Abhängigkeit von der Belohnung[1].
Die durch die Dressur getroffenen Vereinbarungen können
zwar spontan durchbrochen werden, das Ausbleiben der - an
anderen Zuordnungsorten erhaltenen - Belohnung führt jedoch erneut zur Einengung.

Die Verhaltenskategorie 'Handeln an Ersatz-Orten' und die
Wahl des mittleren Türchens weisen Übereinstimmungen auf;
beide sind sehr allgemein unter Ausweichverhalten faßbar.
Unterschiede zeigen sich in der Aufgabenbezogenheit. Die
Musterwand als antrainierter Entscheidungsort wird im ersten Fall gemieden ('aus dem Felde gehen', LEWIN 1931),
im zweiten Fall wird im Rahmen der angebotenen Möglichkeiten variiert.

Wie die Untersuchungen HOPPs (1971) und STEINZENs (1971)
zur Beziehung zwischen sozialem Rang und Leistung verdeutlichen, ist den Mittenwahlen ein besonderer Platz zu-
zuweisen: ihre Auftretenshäufigkeit kovariiert mit dem
Schwierigkeitsgrad der Muster, läßt aber, im Gegensatz
zum übrigen Spontanverhalten, keine Abhängigkeit vom Rang
erkennen.
So kann das Spontanverhalten rangtiefer Tiere durch Aus-
weich- und Unterwerfungstendenzen beschrieben werden[2],
ranghohe Tiere neigen, sofern Abweichungen auftreten, zu
aggressiv gefärbten Entscheidungen;
Mittenwahlen sind über die untersuchte Gruppe (N = 11)
gestreut.

---

1) Verhaltensbeobachtungen bei der ersten Mittenwahl von
Taube 'Gelb' (∅ 9.0/VTE$_{HT}$, VTE$_L$, Doppelkorrekturen MKM)
zeigen, daß der Konflikt hinreichen müßte, um einen
dritten Zuordnungsmodus aufzubauen.
Hier werden Mängel der auf direkter Belohnung basieren-
den Dressur deutlich.

2) Kategorien: Verweigern der Wahl, Handeln an Ersatzorten,
Demutsgebärde.

Diese Befunde erhärten die Annahme, daß Entscheidungen
für den mittleren Pickort - in den Grenzen der individuellen Leistungsfähigkeit - durch die spezifische Wahrnehmungssituation motiviert werden. Sie stellen einen
produktiven Ansatz zur Lösung des weder - (groß) - noch -
(klein) - Konfliktes dar, der nach WITTE (1960) den Ausgangspunkt zur Entstehung neuer Kategorien bildet.

5.2.3   Die Entscheidungszeiten

5.2.3.1   Die Zuordnungszeit (ZZ)

Die Zuordnungszeit ist als Zeitabschnitt $t_1 \rightarrow t_3$ definiert, der zwischen Betreten des Versuchskäfigs (t_1) und
gelungener Öffnung eines Türchens (t_3) liegt.

Die auf jede Gegebenheit der Serie entfallenden Durchschnittswerte[1] (sec) sind in Abb. 42 dargestellt.

Ganz im Sinne unserer Erwartungen stehen Zeitbedarf und
Mustergröße in einem kurvilinearen Zusammenhang.
Eine Überprüfung der Verteilungen der drei Tiere unter
zehn (Kreise 4.5 - 18.0) und unter zwei Bedingungen
(polnahe Kreise gegen Zwischengrößen) anhand des Friedman-
Tests für abhängige Stichproben weisen die Erhöhungen des
Zeitbedarfs bei der Zuordnung von Mustergrößen, die im
mittleren Abschnitt der Steigerungsreihe liegen (Kreise
9.0 - 13.5), als statistisch hoch bedeutsam aus
($p < 0.001$).

Ein Vergleich mit den Befunden der Verhaltensanalysen
(s. Tab. 9) zeigt gute Übereinstimmungen für das kleine
Kollektiv: Die mittleren Gegebenheiten der Mannigfaltig-

---

1) Die Rohdaten wurden logarithmisch transformiert.

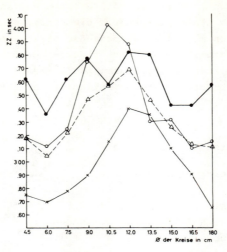

Abb. 42 Verteilung der durchschnittlichen Zuordnungszeiten (ZZ) auf die Mannigfaltigkeit

●———● Taube 'Gelb'

○———○ Taube 'Hell'

×———× Taube 'Dunkel'

△————△ Kollektiv

keit sind durch die größte Zahl von Verhaltensabweichungen und den höchsten Zeitbedarf ausgezeichnet.

Die Aufschlüsselung der unsicheren Wahlen nach Verhaltenskategorien macht die zweigipfelige Verteilung der Zuordnungszeiten von Taube 'Gelb' verständlich. VTE_{HT} und
VTE_L (9.0, 12.0, 13.5) sind zeitintensiver als 'gespannte Annäherung' (10.5).

5.2.3.2 Die Öffnungszeit

Die Öffnungszeit[1] ist als die Zeitstrecke $t_2 \longrightarrow t_3$ definiert, die zwischen erstem Berühren der gewählten Tür (t_2) und gelungener Öffnung (t_3) liegt.
In Abb. 43 sind die Durchschnittswerte der Zeitstrecken $t_1 \longrightarrow t_3$ und $t_2 \longrightarrow t_3$ für Taube 'Gelb' dargestellt.

Die Verteilung macht deutlich, daß die Öffnungszeiten unsere Erwartungen nicht erfüllen. Sie sind - zumindest bei unserem Meßverfahren - als Kriterium zur Gewichtung des Schwierigkeitsgrades der Reizgegebenheiten unbrauchbar.

Während sich die durchschnittlichen Zuordnungszeiten für die Einstufung der rechten und linken Hälfte der Mannigfaltigkeit nicht unterscheiden (3.59 sec/3.61 sec) und die Beantwortung der Muster im mittleren Abschnitt der Steigerungsreihe mit erhöhtem Zeitbedarf verbunden ist (s. S. 125), bietet die Verteilung der Durchschnittswerte der Öffnungszeiten ein inverses Bild: leichte Differenzen für die Reaktionen auf große bzw. kleine Gegebenheiten (Kreise 4.5 - 10.5/12.0 - 18.0), keine Unterschiede, sofern die Zeiten für polnahe Muster und Zwischengrößen verglichen werden (0.049 sec/0.046 sec).

---

1) Leider war die technische Konstruktion so empfindlich, daß das Meßgerät bereits während der Testphase der ersten Taube ('Gelb') gelegentlich ausfiel, später versagte. Da die kritischen Versuche nicht durch längere Reparaturzeiten unterbrochen werden konnten, wurden diese Daten nur für Taube 'Gelb' erhoben.

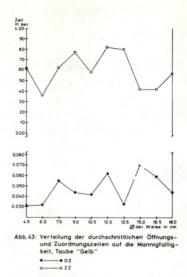

Abb. 43: Verteilung der durchschnittlichen Öffnungs-
und Zuordnungszeiten auf die Mannigfaltigkeit, Taube "Gelb"

●——● O Z
o——o Z Z

Da diese Zeitmessungen lediglich ein anderes Maß für die
Reaktionsstärke liefern, liegt u.E. die Annahme von Meß-
fehlern nahe, die durch die Fragilität der technischen
Konstruktion bedingt sein dürften.[1]

5.2.4 Spontan-Verhalten und Bipolarität des Systems

Die eingangs erhobene Forderung, 'Zuordnungen mittlerer
Serienglieder sind durch das Auftreten von Verhaltensbesonderheiten, spontane Mittenwahlen und erhöhten Zeitbedarf ausgezeichnet' wird durch die Datenanalyse hinreichend gestützt.

---

1) Für eine Interpretation, die mögliche Folgen der Andressur im Sinne von Rechts-Links-Präferenzen berücksichtigt, erscheint uns die Basis zu schmal, zumal
die Verteilungsstruktur der ZZ für diese Hypothese
keinen Ansatzpunkt liefert.

Die mittleren Glieder der Steigerungsreihe sind Anlaß
größter Urteilsunsicherheit, ein Befund, der die Annahme erhärtet, daß ihre Einstufung infolge der Entstehung
eines bipolaren Systems konfliktbeladen ist.

5.3 Zusammenfassung

Nachdem Tauben (N = 3) die Zuordnung einer großen und
einer kleinen Kreisfläche zu festgelegten Pickorten er-
lernt hatten, wurde die Behandlung von Zwischengrößen
einer durch die Trainingsmuster eingegrenzten Mannigfaltigkeit geprüft (konstantes Meßwertintervall: d = 1.5).

Eine Analyse der Daten belegt hinreichend:

1. Tauben sind zum Erlernen kategorialen Verhaltens
   fähig.
2. Die Zuordnungsleistungen lassen auf die Ausbildung
   eines einfachen bipolaren Bezugssystems schließen.

Als Indikatoren für diese Systemgenese gelten:

(1) Die Verteilung der Zuordnungen auf die Mannigfaltigkeit (klare Bereiche in Polnähe, Urteilsunsicherheit im
mittleren Abschnitt der Steigerungsreihe);

(2) die Verteilungsstruktur des Spontan-Verhaltens (Häu-
fungen von Verhaltensabweichungen, die Entscheidungskon-
flikte nahelegen, bei mittleren Gegebenheiten);

(3) Ansätze zum Gebrauch einer mittleren Kategorie (spontane Wahl des mittleren Türchens bei der Darbietung von
Seriengliedern, deren Einstufung infolge ihrer Lage zwischen gerade noch großen und gerade noch kleinen Mustern
Schwierigkeiten bereitet);

(4) der Zusammenhang von durchschnittlichem Zeitbedarf
und Gliederabfolge (kurvilineare Beziehung, Maximierung
bei mittleren Gegebenheiten).

Im Unterschied zu Kleinkindern (Alter: ein bis zwei Jahre,
FISCHER-FRÖNDHOFF 1971), die bei hinreichender Materialerfahrung kreisförmige Platten mit geringer intra- und
interindividueller Urteilsstreuung zuordnen, bleibt bei
Tauben die Behandlung eines mittleren Teils der Steigerungsreihe auch nach längerer Einübungszeit (20 kritische Versuche) instabil.

6.   Erster Versuch einer Bedingungsanalyse -
      Zur Dynamik von Bezugssystemen

6.1   Induzierte Systemänderungen

Nach Befunden, die die Genese eines einfachen Bezugssystems
wahrscheinlich machen, lohnte es sich, der Frage nachzugehen, wie empfindlich das Urteilsverhalten auf Veränderungen der Bedingungen anspricht.

Da verschiedene Bezugssystem-Theorien den ausgezeichne-
ten Stellen eines Systems unterschiedliche Bedeutung zuweisen - Sogwirkung der Pole bei WITTE (1960, vgl. auch
PHILIP 1941, JOHNSON u. MULLALLY, 1969), Etablierung eines Neutralpunktes bei HELSON (1948) -, boten sich weiterführende Untersuchungen an, die die Funktion dieser
Orientierungsmarken für die Systemgenese erkunden;
gleichzeitig ließ sich die Diskussion über den Anpas-
sungswert von Generalisation einerseits, Bezugssystemen
andererseits wieder aufnehmen.

Als Versuchstier für diese Erhebungen diente Taube
'Gelb', die sich bei der Prüfung der Hauptserie (4.5 -
18.0) durch lebhaftes Ansprechen auf die Wahrnehmungssituation (s. Verhalten!) und gute Transpositionslei-
stungen (Mittenwahlen) ausgezeichnet hat. Zwischen die
Prüfung der Serien I - V wurde jeweils eine Pause von
zwei Tagen und ein Tag Nachdressur (1 x 50 Treffer) ein-
geschoben.
Eine Übersicht über die Versuchsabfolge und Serienkennzeichen bringt Tabelle 13.

Abbildung 44 (a - e) zeigt die Verteilungsstruktur der
Zuordnungen für Serie I - V; Abb. 45 (a - e) gibt einen Überblick über die Klein-Zuordnungen, Abb. 50 informiert über die Verteilung der Verhaltensabweichungen.

Serie	Material	Größenumfang (∅ in cm)	Zahl der Serienglieder	Distanz zw. den einzelnen Gliedern in cm	Zur Überprüfung der 'Anweisung' verwandte Muster	Kritische Bedingung
I	Dias, kreisförmige helle Flächen	4.5 - 18.0	10	1.5	4.5 u. 18.0	Intrapolation
II		3.0 - 18.0	11	1.5	4.5 u. 18.0	Extrapolation
III		3.0 - 18.0	11	1.5		Fehlende Polüberprüfung zwischen den Testreihen
IV		3.0 - 18.0	11	1.5	3.0 u. 18.0	Polüberprüfung vor jedem Muster
V		3.0 - 18.0	16	1.0	3.0 u. 18.0	Distanz, Zahl der Glieder

Tab. 13: Testbedingungen und Serienkennzeichen, Taube 'Gelb', Serie I – V

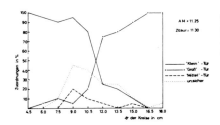

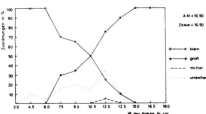

I Verteilung der 'Groß'- und 'Klein'-Zuordnungen in 20 Test – durchgängen. Auf der Abszisse sind die Durchmesser der Kreise in aufsteigender Ordnung, auf der Ordinate die auf jeden Kreis entfallenden Zuordnungen in % abgetragen. Serie 4.5-18, d = 1.5

II Verteilung der 'Groß'- und 'Klein'-Zuordnungen in 20 Testdurchgängen. Auf der Abszisse sind die Durchmesser der Kreise in aufsteigender Ordnung, auf der Ordinate die auf jeden Kreis entfallenden Zuordnungen in % abgetragen. Serie 3.0-18.0, d = 1.5; Anweisungsmuster 4.5, 18.0

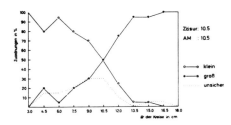

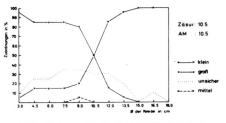

III Verteilung der 'Groß'- und 'Klein'-Zuordnungen in 20 Testdurchgängen. Auf der Abszisse sind die Durchmesser der Kreise in aufsteigender Ordnung, auf der Ordinate die auf jeden Kreis entfallenden Zuordnungen in % abgetragen. Serie 3.0-18.0, d = 1.5, ohne Polüberprüfungen.

IV Verteilung der 'Groß'- und 'Klein'-Zuordnungen in 20 Testdurchgängen. Auf der Abszisse sind die Durchmesser der Kreise in aufsteigender Ordnung, auf der Ordinate die auf jeden Kreis entfallenden Zuordnungen in % abgetragen. Serie 3.0-18.0, d = 1.5, mit Polüberprüfung vor jedem Muster jeder Testreihe

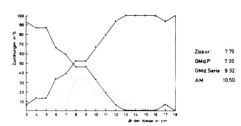

V Verteilung der 'Groß'- und 'Klein'-Zuordnungen in 15 Testdurchgängen Auf der Abszisse sind die Durchmesser der Kreise in aufsteigender Ordnung, auf der Ordinate die auf jeden Kreis entfallenden Zuordnungen in % abgetragen. Serie 3.0-18, d = 1.0

Abb. 44 (a-e) Verteilungsstruktur, Serie I-V, Taube 'Gelb'

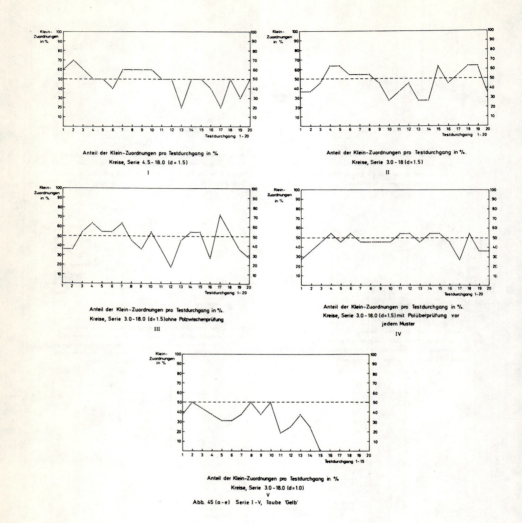

Anteil der Klein-Zuordnungen pro Testdurchgang in %.
Kreise, Serie 4.5 - 18.0 (d = 1.5)

I

Anteil der Klein-Zuordnungen pro Testdurchgang in %.
Kreise, Serie 3.0 - 18 (d = 1.5)

II

Anteil der Klein-Zuordnungen pro Testdurchgang in %.
Kreise, Serie 3.0 - 18.0 (d = 1.5) ohne Potzwischenprüfung

III

Anteil der Klein-Zuordnungen pro Testdurchgang in %.
Kreise, Serie 3.0 - 18.0 (d = 1.5) mit Potüberprüfung vor
jedem Muster

IV

Anteil der Klein-Zuordnungen pro Testdurchgang in %
Kreise, Serie 3.0 - 18.0 (d = 1.0)

V

Abb. 45 (a-e) Serie I-V, Taube 'Gelb'

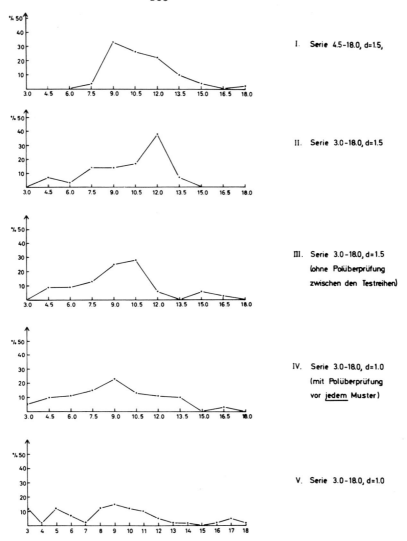

I. Serie 4.5-18.0, d=1.5,

II. Serie 3.0-18.0, d=1.5

III. Serie 3.0-18.0, d=1.5
(ohne Polüberprüfung
zwischen den Testreihen)

IV. Serie 3.0-18.0, d=1.0
(mit Polüberprüfung
vor jedem Muster)

V. Serie 3.0-18.0, d=1.0

Abb.50 Verteilung der auf jedes Muster entfallenden Verhaltensbesonderheiten in %.
Serie I-V, Taube 'Gelb'

6.1.1 Die Behandlung extrapolarer Größen

Das Generalisationskonzept beinhaltet Voraussagen für das
Verhalten in Situation A_2, wenn Situation A_1 zu den Bedingungen gehörte, unter denen eine bestimmte Reaktion
aufgebaut wurde: Abweichungen von der Wahrnehmungssituation während des Trainings werden im Sinne der Dressur
verarbeitet, sofern sie den ursprünglichen Konstellatio-
nen ähnlich sind.

Für die Behandlung einer extrapolaren Größe lassen sich
folgende Voraussagen treffen:

(1) Der neu eingeführte Kleinkreis[1] (Ø 3.0 cm) wird entsprechend dem Ähnlichkeitsgefälle zum kleinen Trainingsmuster (Ø 4.5 cm) behandelt.

Da die Distanz 3.0 - 4.5 den gleichen Betrag aufweist,
wie die Distanz 4.5 - 6.0, entfallen auf Kreis 3.0 etwa
gleichviel Klein-Urteile wie auf Kreis 6.0 (in Serie I:
95 %), d.h. die Verteilung der Kleinzuordnungen verändert sich in Richtung eines glockenförmigen Generalisationsgradienten, dessen Scheitel bei 4.5 liegt, die übrigen Zuordnungen werden von dieser Veränderung nicht berührt.

(2) Die Wahl des mittleren Pickortes bei mittleren Gegebenheiten und das Verhalten der 'spontanen Korrektur' legen allerdings nahe, daß die Einordnung der kritischen
Muster auf einer Verrechnung basiert, in die der Abstand
zu beiden Polen eingeht. Für diesen Fall muß sich in der
Einstufung des Kleinstkreises die größere Distanz zu
Kreis 18.0 ausdrücken (100 % Kleinzuordnungen!). Die Zuordnung der Serie ist davon nicht betroffen. Der Kleinbereich ist um eine Gegebenheit ausgedehnt, die Zäsur liegt
weiterhin beim AM der durch die Trainingsmuster eingegrenzten Serie.

---

1) Die Dressurüberprüfung mit den T r a i n i n g s -
m u s t e r n   wird konstant beibehalten.

(3) Eine Voraussage, die sich durch das Generalisationskonzept nicht mehr abdecken läßt, betrifft die Veränderung
der gesamten Zuordnungsstruktur:

Nach einer Phase der Verunsicherung und Wiedereinspielung
wird 3.0 als neues Systemende akzeptiert. Entsprechend
verschiebt sich der Punkt subjektiver Indifferenz (11.25
⟶ 10.5).

Als Indikatoren dieses Prozesses sind zu erwarten:

(a) Zunahme der Anzahl der Groß-Urteile als Ausdruck
    eines Kontrasteffektes.

In Analogie zu den Untersuchungen HELSONs (1948) und
SARRIS' (1971) kann Kreis 3.0 als ein unauffällig ein-
geführter Ankerreiz aufgefaßt werden, der den Zuordnungsmodus der schwer einstufbaren Gegebenheiten empfindlich
beeinflußt.

(b) Damit kovariirend: Erweiterung und Verschiebung des
    Unsicherheitsbereiches.

(c) Erhöhung der Zahl der Verhaltensabweichungen und der
    Entscheidungszeiten.

Abb. 46 zeigt die Urteilsverteilungen für Serie I und II
(Individuelle Bereichsbildung: s. Anhang).

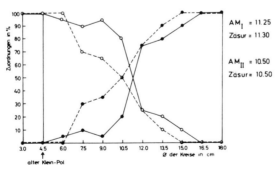

Abb. 46 Verteilung der Groß- und Klein-Zuordnungen
nach 20 kritischen Versuchen, Taube 'Gelb'.

----- Serie 3.0 -18.0, ——— Serie 4.5 - 180

In Abb. 47 sind die Verteilungen der Kleinzuordnungen für
Serie I und II exemplarisch in jeweils zwei Phasen dargestellt.

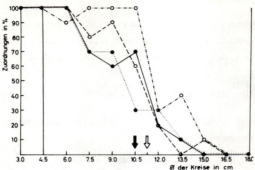

Abb. 47 Verteilung der Klein-Zuordnungen für Serie I
und Serie II, Taube 'Gelb'.

Tabelle 14 enthält die Anteile der Groß- und Kleinzuordnungen in %.

	Durchgang 1 - 10		Durchgang 11 - 20		Durchgang 1 - 20	
	K %	G %	K %	G %	K %	G %
Serie I	57	43	46	54	51.5	48.5
Serie II	48.2	51.8	45	55	47.3	52.7

Tab. 14 : Anteile der Groß- und Klein-Zuordnungen, nach
Durchgängen fraktioniert.

Die Befunde machen deutlich:

(1) Die Einführung der extrapolaren Größe verändert die Zuordnungsstruktur für die gesamte Serie derart, daß – unter Beibehaltung klarer Bereiche in Polnähe – ein vergrößerter und verschobener Unsicherheitsbereich (7.5 - 12.0; Serie I: 10.5 - 12.0) und ein leicht ausgedehnter Großbereich resultieren (13.5 - 18.0, Serie I: 15.0 - 18.0). Die Zäsur zeigt die erwartete Einspielung beim neuen Serienmittel.

(2) Die Groß-Kategorie zeigt eine leichte Erhöhung; die Abweichungen sind statistisch jedoch nicht bedeutsam.

(3) Die Verteilung der Klein-Zuordnungen pro Testdurchgang (s. Abb. 45 a und b) macht die Annahme eines leichten Kontrasteffektes für die ersten kritischen Versuche wahrscheinlich (Durchgang 1 und 2, Serie I und II). Wie bei der Hauptserie bringt das Pendeln um eine hypothetische Mitte den statistischen Ausgleich der Häufigkeiten. 8 der 20 Versuche resultieren in einer Gleichverteilung der Groß- bzw. Klein-Urteile.

(4) Mit der Verschiebung des Unsicherheitsbereiches ist eine Änderung der Verteilungsstruktur der Verhaltensabweichungen verbunden: Polnahe Groß-Kreise werden sicherer zugeordnet als polnahe Klein-Kreise, der Hauptanteil der Verhaltensabweichungen entfällt wie bei Serie I auf die mittleren Gegebenheiten (69 %, Ø 9.0 - 12.0). Die Gesamthäufigkeit der Verhaltensabweichungen ist entgegen unseren Vermutungen geringer (Serie I: N =40 = 20 %, Serie II: N = 29 = 13 %). Hier dürfen sich Vertrautheit mit der Aufgabe und den Gegebenheiten geltend machen.

(5) Die Verringerung des durchschnittlichen Zeitbedarfs weist gleichsinnig auf Übungseinflüsse hin (X_I = 3.75; X_{II} = 2.69, p < 0.01).

Für die erste Zuordnung von Kreis 3.0 werden 5.25 sec
benötigt ($\overline{X}$ 3.0 = 2.61 sec!). Dieser Zeitbedarf ist darauf zurückzuführen, daß Taube 'Gelb' sekundenlang bewe-
gungslos im Eingang des Versuchskäfigs verharrte[1], ehe
sie zügig ihre Wahl traf. Die Abweichung zeigt, daß Kreis
3.0 als unbekannt identifiziert wird.

Als wesentlicher Befund der Extrapolation ist herauszustellen:
Urteilsveränderungen, die vor allem mittlere und klein-
polnahe Gegebenheiten betreffen, führen zur Etablierung
eines neuen Nullpunktes, dessen Lage sich um den Durchschnittswert der erweiterten Serie einspielt.
Diese Anpassungsleistung, die sich auf die Einordnung der
gesamten Mannigfaltigkeit bezieht, ist durch Generalisa-
tionskonzepte nicht mehr abdeckbar; sie ist u.E. als
hinreichender Beleg für die Ausbildung eines Bezugssystems zu werten:

"Keines dieser Systeme ist aber im Voraus bis ins letzte
festgelegt, sondern ein jedes erhält seine volle und besondere Ausbildung, seine letzte Bestimmtheit und Festigkeit auf Grund der jeweils vorliegenden Gesamtbedingungen,
d.h. es ist selbst sachbedingt; ein seelisches Bezugssystem ist eine lebendige Ganzheit, die als solche auf
jede auch nur örtliche Beanspruchung reagiert, und indem
sie diese aufnimmt und bestimmt, umgekehrt auch von ihr
beeinflußt und bestimmt wird: "bestätigt" und gefestigt
oder "durchbrochen" und gestört, möglicherweise auch zerstört und umgebildet. Mit anderen Worten: jeder Reiz ist
zugleich Systemreiz." (METZGER 1940, S. 140 f).

Für die Erweiterung der Seriation gilt:

"Nimmt nach der Ausbildung des Nullpunktes die betreffen-
de Mannigfaltigkeit nach einer Seite hin zu oder ab, oder
verlagert sich der ganze Bereich, so folgt mehr oder weniger rasch der Nullpunkt dieser Veränderung bis an oder
über die Grenzen des ursprünglichen Bereiches..."
(l.c., S. 160 f).

---

1) Ein Verhalten, das häufig während der ersten Trainingsphase, nie während der kritischen Versuche zu
beobachten war.

Einen weiteren Beleg für die mühelose Anpassung an Veränderungen der Mannigfaltigkeit bringen die später zu
berichtenden Transpositionsversuche.

Aus versuchstechnischen Erwägungen wurde die Seriation
auf den ursprünglichen Kleinbereich eingeengt. Die Taube
reagierte mit adäquater Veränderung der Zuordnungen, der
Nullpunkt spielte sich beim AM der neuen Serie ein (vgl.
Abb. 52).

6.1.2 Zur Funktion der Pole

WITTE (1955, 1960) weist den Endgliedern einer Mannigfaltigkeit entscheidende Strukturierungsfunktionen für die
Ausbildung eindimensionaler Bezugssysteme zu, die in der
phänomenalen Herausgehobenheit der Endglieder begründet
sind.
Einige Befunde SHERIFs, TAUBs und HOVLANDs (1958) bestä-
tigen diese Annahme: Beim Aufbau einer Urteilsskala fungieren die Endglieder eines Seriation als Anker, sofern
die Variationsreihe der Versuchsperson wenig vertraut
ist.
Ein über Pol-Dressur aufgebautes System legt diese Art
der Orientierung nahe. Die allmähliche Veränderung der
Urteilsstruktur zeigt, daß eine einseitige Ausrichtung
an den Systemenden hinter der Beachtung und Verarbeitung
aller angebotenen Größen zurücktritt.
Für die hinreichend bekannte Vielfalt von Gegebenheiten
müssen daher Zuordnungen ohne Polüberprüfungen möglich
sein.
Mit Serie III (20 Darbietungen ohne Polüberprüfung) und
Serie IV (Poldarbietung vor jedem kritischen Muster)

wurde diesen Fragen in erster Erkundung nachgegangen.[1]

6.1.2.1 Zuordnungen ohne Polüberprüfung

Die Abbildungen 48 a und b zeigen die Zuordnungsstruktur
für Serie III in Beziehung zu den vorangegangenen und
nachfolgenden Urteilsverteilungen (Serie II und IV).

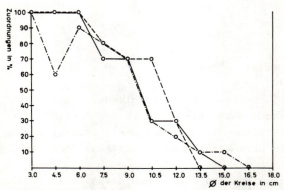

Abb. 48a: Verteilung der auf jedes Muster entfallenden
Kleinzuordnungen in %

Serie II (Durchgang 11-20)	————
Serie III (Durchgang 1-10)	– – – –
(Durchgang 11-20)	–·–·–·–

Die Befunde machen deutlich:

(1) In guter Übereinstimmung mit den vorangegangenen Be-
urteilungen werden zunächst klare Bereich gebildet
(Durchgang 1 - 10).

---

1) Eine Entscheidung läßt sich unter diesen Bedingungen
   nicht herbeiführen. Systematische Variationen zur
   Funktion der Pole stehen noch aus.

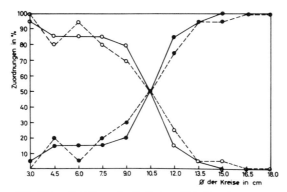

Abb. 48 b   Verteilung der Groß- bzw. Klein-Zuordnungen
in 20 kritischen Versuchen, Taube 'Gelb'.

------ Serie III (3.0-18.0, ohne Polüberprüfungen)
——— Serie IV (3.0-18.0, Poldarbietung vor jedem
Muster)

Die Klein-Kategorie erfährt eine leichte Ausdehnung
(vgl. auch Abb. 45 c).

(2) Einschneidende Veränderungen werden in der zweiten
Hälfte der kritischen Versuche sichtbar: der sicheren
Einstufung großpolnaher Gegebenheiten steht die instabile, durch erhöhte Fehlerzahl gekennzeichnete Beurteilung kleiner Kreise gegenüber (10 der Klein-Bereichs-
Fehler liegen im zweiten Versuchsabschnitt). Die Zuordnung des alten Kleinpols wird erstmals fehlerhaft.

(3) Unter Anlegung statistischer Gütekriterien (90 %
gleichsinnige Wahlen) verbleiben dem Kleinbereich nach
20 kritischen Versuchen zwei Glieder (3.0, 6.0), dem
Großbereich vier (13.5 - 18.0). Der Unsicherheitsbereich ist auf Kosten des Kleinbereichs ausgedehnt (4.5,
7.5, 9.0, 10.5, 12.0).

(4) Mit der Urteilsstreuung im Kleinbereich ist eine
Häufung der Verhaltensabweichungen verbunden (vgl.
Abb. 50 u. Tab. 15).

Die Betrachtung des Verlaufs und der Gesamtergebnisse
lassen das Fehlen der Polüberprüfung als ein wesentliches Moment erscheinen. Die bereits unter Extrapolations-
bedingungen begonnene Aufweichung des Kleinbereichs
setzt sich fort, die Zahl der Groß-Zuordnungen wächst
stetig (vgl. Tab. 16 und 17).

Die Endpunkte der Serie fungieren bei unseren Versuchen
nicht nur als Orientierungsmarken für den Aufbau der Urteilsskala; die Andressur vermittelt unter Benutzung der
Pole die Handlungsanweisung. Polüberprüfungen zwischen
den kritischen Versuchsreihen können als Rückversicherung
darüber aufgefaßt werden, daß das eingangs getroffene
Abkommen noch präsent ist.

Belohnungen am falschen Ort, die zu Verunsicherung und/
oder Dressurumkehrung führen ($\emptyset$ 4.5!), entfalten ohne
wiederholte Information über die Spielregeln uneinge-
schränkte Wirksamkeit.
Ein bereits angebahnter Trend, einen der beiden Pickorte
zu bevorzugen, wird unter diesen Bedingungen unterstützt.

Die Ergebnisse der Extrapolation (Serie II) zeigen ansatzweise, daß die Doppelfunktion der Pole (Gebietsmar-
kierung - Aufbau und Überprüfung der kategorialen Handlung) auflösbar ist.

Serie	Gesamtzahl			Zahl der Abweichungen			p
	Häufigkeiten	%	p	im Klein-Bereich	Mitte	im Groß-Bereich	(zw. den Bereichen)
I	40	20	n.s.	22		18	n.s.
II	29	13.2	n.s.	11	5	13	n.s.
III	32	14.5	$p < 0.01$	18	9	5	$p < 0.01$
IV	62	27.2	$p < 0.01$	39	8	15	$p < 0.01$
V	41	17		29		12	$p < 0.01$

Tab. 15: Verteilung der Verhaltensabweichungen über die Serie I - V

Serie	Zahl d. Glieder	Fehlersumme[1]	%	Fehler im Klein-Bereich	Fehler im Groß-Bereich	p (zwischen d. Bereichen)	p (zwischen d. Serien)
I	10	19	9.5	8	11	n.s.	n.s.
II	11	20	10	13	7	n.s.	n.s.
III	11	22	11	15	7	n.s.	n.s.
IV	11	18	9	14	4	P < 0.10 > 0.05	p < 0.01
V	16	48	20	43	5	p < 0.01	

Tab. 16: Verteilung der fehlerhaften Zuordnungen über die Serien I - V

1) Fehler werden als Groß-Urteile im Klein-Bereich und Klein-Urteile im Groß-Bereich definiert. Bei Serien mit ungerader Gliederzahl bleibt die mittlere Gegebenheit unberücksichtigt.

Serie	Zuordnungen		N der Urteile	K %	G %	p (zw. den Serien)	p (zw. den Bereichen)
	Klein	Groß					
I	103	97	200	51.1	48.5		n.s.
						n. s.	
II	104	116	220	47.3	52.7		n.s.
						n. s.	
III	102	118	220	46.4	53.6		n.s.
						n. s.	
IV	100	120	220	45.5	54.5		n.s.
						p < 0.02 > 0.01	
V	82	158	240	34.2	65.8		p < 0.01
	491	609					

Tab. 17: Verteilung der absoluten Kategorienhäufigkeiten über die Serien

Entsprechende Resultate sind bei den Intra- und Extra-
polationsversuchen FISCHER-FRÖNDHOFFs (1971) zu finden.
Die Verteilung der unter Intrapolationsbedingungen (Aufbau der kategorialen Handlungen mit den Endgliedern der
wohlvertrauten Serie) getroffenen Zuordnungen stellt allerdings die beste Annäherung an eine ausgewogene Zweibereichsbildung dar.

Einübung und Überprüfung des Urteilsverhaltens mittels
der als Systemgrenze fungierenden Gegebenheiten schei-
nen bei urteilsungeübten Kindern und Tieren eine symmetrische Bereichsbildung zu fördern.

6.1.2.2 Zuordnungen mit Polüberprüfung vor jedem kritischen Muster

Die Doppelfunktion der Pole kann sich bei Poldarbietung
vor jedem kritischen Muster ungehindert entfalten und
zu einer Verbesserung der Verteilungsstruktur führen
(Vergleich: Serie III, 11 - 20).

Zwei Wirkungen sind zu erwarten:

(1) Die ständige Dressurüberprüfung führt zu einer all-
mählichen Stabilisierung des Kleinbereichs. Die Fehler-
streuung wird im Laufe der Einübungszeit geringer (Serie III, 11 - 20; Serie IV, 1 - 10, 11 - 20).

(2) Der Zufallswechsel der Pol-Muster-Abfolge bedingt
eine Veränderung der Urteilsstruktur, die durch das Gewicht des unmittelbar vorangegangenen Ankers bestimmt
wird.
Eine Fraktionierung der Zuordnungen unter dem Gesichtspunkt der Vorreiz-Größe läßt Urteilsverschiebungen erkennen, die als Kontrast- oder Assimilationseffekte des
unmittelbar vorangehenden Standards interpretierbar sind.

In Abb. 49 a und b sind die nach Einübungszeit und Vor-
reizgröße aufgeteilten Zuordnungen dargestellt.

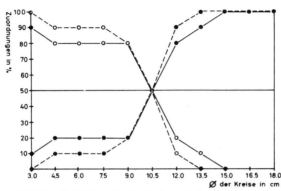

Abb. 49 a: Verteilung der Groß- bzw. Klein- Zuordnungen,
Serie IV

Durchgang 1-10 ————
Durchgang 11-20 — — — —

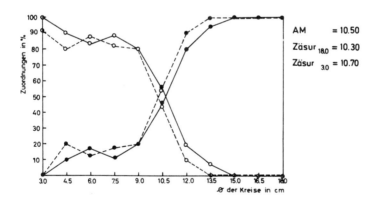

$AM = 10.50$

$Zäsur_{18.0} = 10.30$

$Zäsur_{3.0} = 10.70$

Abb. 49 b Verteilung der Groß- bzw. Klein-Zuordnungen,
Serie IV, Taube 'Gelb'.

— — — — Zuordnungen nach Vorreiz 18.0
———— Zuordnungen nach Vorreiz 3.0

Die Befunde machen deutlich:

(1) Zuordnungen im Gefolge des Groß-Standards sind durch eine leichte Bevorzugung des zu ihm gehörenden Pickortes bestimmt, Ähnliches gilt für Zuordnungen im Gefolge des Klein-Standards.

Dieser Trend kann für eine Sogwirkung des gerade präsentierten Pols, ebenso für eine Gleichgewichtsverschiebung des vermuteten Appetenz-Aversions-Konfliktes sprechen: der Pickort, der als letzter gewählt wurde, besitzt dank der dort erhaltenen Belohnung einen stärkeren Aufforderungscharakter.

(2) Unabhängig von der Polsukzession spielt die Einübungszeit die erwartete Rolle. Der vorher instabile Kleinbereich wird erneut ausgebaut, fehlerhafte Zuordnungen nehmen ab (Durchgang 11 - 20; 12 der 18 Fehler liegen im ersten Abschnitt).

Vier Gegebenheiten (Ø 3.0 - 7.5) werden statistisch bedeutsam der Klein-Tür zugeordnet, fünf Gegebenheiten (Ø 12.0 - 18.0) der Groß-Tür, der Unsicherheitsbereich schrumpft auf zwei Glieder (Ø 9.0, 10.5).

(3) Mit diesem Stabilisierungsprozeß ist eine Verminderung der Verhaltensabweichungen verbunden: von 62 Auffälligkeiten liegen nur 15 in der zweiten Testhälfte ($p < 0.01$), die Anteile für Groß- und Kleinbereich unterscheiden sich in diesem Abschnitt nicht mehr (vgl. Tab. 15), Unterschiede zwischen mittleren und polnahen Gegebenheiten sind statistisch bedeutsam ($p < 0.02$).

Die vorliegenden Ergebnisse sprechen u.E. eher für den Einfluß der Dressurüberprüfung auf die Zuordnungsleistung.

Nach einer Phase extremer Verunsicherung (Fehler, Verhalten), die durch eine - für Vögel typische - Irritiertheit gegenüber neuen Situationen gekennzeichnet ist, nehmen Stabilität der Urteile und Trennschärfe der Bereiche
zu; Verhaltensabweichungen, zunächst über den gesamten
Klein- und Mittel-Bereich der Serie gestreut, werden sel-
tener und begleiten bevorzugt die Einstufung mittlerer
Gegebenheiten.

Die neu eingeführte Bedingung konstanter Dressurüberprüfung resultiert in Zuordnungsleistungen, die auf den
Wiederaufbau eines bipolaren Systems schließen lassen.

6.1.3 Die Bedeutung von Umfang und Feinabstufung der
       Serie

In HELSONs (1948) Modellvorstellungen zur Etablierung
eines Neutralpunktes geht das Meßwertintervall (d) zwischen den Seriengliedern als Bezugsgröße ein.

PARDUCCIs (1965) Vorhersagen zur Lage des Punktes subjektiver Indifferenz implizieren über den Einfluß der
Spannweite eine Abhängigkeit vom Meßwertintervall.

Nach den Befunden der Vorversuche, die mit einer Serie
gleicher Gliederzahl aber geringerer Abstufungen (d =
1.0) durchgeführt wurden, blieb die Frage zu klären,
welche Bedeutung der Feinabstufung für die Urteilsstruk-
turierung zukommt.

Nach eingangs vorgetragenen Annahmen (s. Kap. 4 und 5)
müßten hinreichende Zuordnungserfahrungen die Basis zu
einer adäquaten Verarbeitung der neuen Wahrnehmungssituation bilden.

Unter Beibehaltung der Spannweite[1] wurde Taube 'Gelb'
mit einer feiner abgestuften Serie konfrontiert. Aus
den Abbildungen 44 e, 45 e, 50 und 51 sind die Resultate
dieses Versuchs zu entnehmen (individuelle Bereichsbildung s. Anhang).

Die Befunde machen deutlich:

(1) Bei fortschreitendem Ausbau des Groß-Bereichs
schmilzt der vorher klare Klein-Bereich (Serie IV,
11 - 20) zugunsten eines bis an die Systemgrenze rei-
chenden Unsicherheitsbereichs zusammen (Abb. 51).

(2) Zuordnungen zur Klein-Tür werden in 34.2 % der Fäl-
le getroffen; die Verwendung der Groß-Kategorie über-
wiegt statistisch bedeutsam ($p < 0.01$, Tab. 17).

(3) Der 15. Durchgang der kritischen Versuche weist
Groß-Einstufungen[2] für alle Serienglieder auf.

(4) Die Zäsur spielt sich beim geometrischen Mittel
der Pole ein (Abb. 44 e).

(5) Die Verhaltensabweichungen streuen über die ganze
Bandbreite, häufen sich jedoch im Klein-Bereich
($p < 0.01$, Tab. 15).

Die Zuordnung einer Mannigfaltigkeit, deren Meßwert-
intervalle in Schwellennähe liegen, resultiert trotz
Kategorisierungserfahrungen und Materialkenntnis nicht
in einer ausgewogenen Zweibereichsbildung.

Eine sensoriumsnahe Interpretation bietet sich an.
Nach Sichtung aller Befunde (Serie I - V, Abb. 51,
Transpositionsversuche) muß die Bedeutung der Fein-
abstufung u.E. in Zusammenhang mit dem Umfang der
Serie gesehen werden.

---

1) Die Vergrößerung des Serienumfangs (Zahl der Glieder)
   erschien uns - sehr zu Unrecht - weniger folgenreich
   als eine Verschiebung der Mannigfaltigkeit auf der
   Größenskala.
2) Die Versuche wurden daraufhin abgebrochen.

Übertragsversuche mit Quadratserien gleicher Abstufung
(d = 1.0) und geringerer Spannweite (2 - 8; 7 Glieder)
zeigen, daß eine ausgewogene Verteilungsstruktur der
Zuordnungen auch bei diesen kleinen Differenzen möglich
ist (vgl. Abb. 52).

Das Moment der Doppelbeköderung bedingt ein sehr labiles
Gleichgewicht, das ständige Dressurüberprüfung verlangt.

Wir vermuten:

Die Aufgabe differenzierender Zuordnungen ist mit dem
Verlust der 'Instruktion' begründbar. Spontane (oder
andressierte) Urteilstendenzen, die sich in Präferenz
bestimmter Größen und/oder bestimmter Pickorte ausdrücken können, werden ohne den Rückversicherungsmodus
der Dressurüberprüfung verstärkt.

Für diese Annahme sprechen folgende Befunde[1]:

(1) Serien mit   g l e i c h e r   Spannweite und größerer Differenz (II: 3.0 - 18, d = 1.5, 11 Glieder) werden
ebenso wie Serien mit   g e r i n g e r e r   Spannweite
und   g l e i c h e r   Differenz (Quadrate, a = 2 - 8,
7 Glieder) im Sinne einer Gleichverteilung zugeordnet.

(2) Zuordnungen   o h n e   Polüberprüfung führen selbst
bei einer wohlvertrauten, überschwellig abgestuften Mannigfaltigkeit zur Entdifferenzierung (Serie III: Alle
Muster wurden bereits 40 x zugeordnet).

(3) Zuordnungen im unmittelbaren Gefolge von Polarbie-
tungen werden stabiler und trennschärfer (Serie IV,
11 - 20).

---

1) Ein Entscheidungsversuch, der die Einstufung von Serie
   3.0 - 18 (d = 1.0) mit und ohne Polarbietung vor jedem Muster prüft, steht noch aus.

(4) Zuordnungen nach einem weniger strengen Lernkriterium resultieren in einseitig orientierten Verteilungen
(Vorversuche, Taube 'Blau', Abb. 54).

Vielgliedrige Mannigfaltigkeiten mit schwellennahen
Meßwertintervallen erschweren Tauben - im Rahmen der von
uns hergestellten Bedingungen - eine adäquate differenzierende Zuordnung. Hier ist ein Leistungsunterschied
zu den unter ähnlichen Umständen geprüften Kindern anzusetzen (vgl. FISCHER-FRÖNDHOFF 1971).

6.1.4 Einige die Zuordnungsverteilung bestimmende
       Momente

Die durch Bedingungsvariationen induzierten Systemänderungen lassen folgende Abhängigkeiten erkennen:

(1) Eine ausgewogene Bereichsbildung basiert auf einem
ausbalancierten Gleichgewicht der Zuordnungsverhaltensweisen.

Dieses Gleichgewicht wird durch
(a) eine hinreichende Absicherung des Dressurerfolges
    (Lernkriterium)
(b) eine in kurzen Intervallen stattfindende Überprüfung
    der Dressur (Poldarbietungen) unterstützt.

(2) Erwartungsgemäß ist die Verteilungsstruktur von der
Einübungszeit abhängig. Hierbei sind
(a) allgemeine Zuordnungserfahrungen
(b) spezifische Materialkenntnisse
    bedeutsam.

(3) Feinabstufungen und Umfang der Serie beeinflussen
die Zuordnungsleistungen gleichsinnig: Vielgliedrige
Mannigfaltigkeiten mit schwellennahen Meßwertintervallen führen zu maximalem Orientierungsverlust.

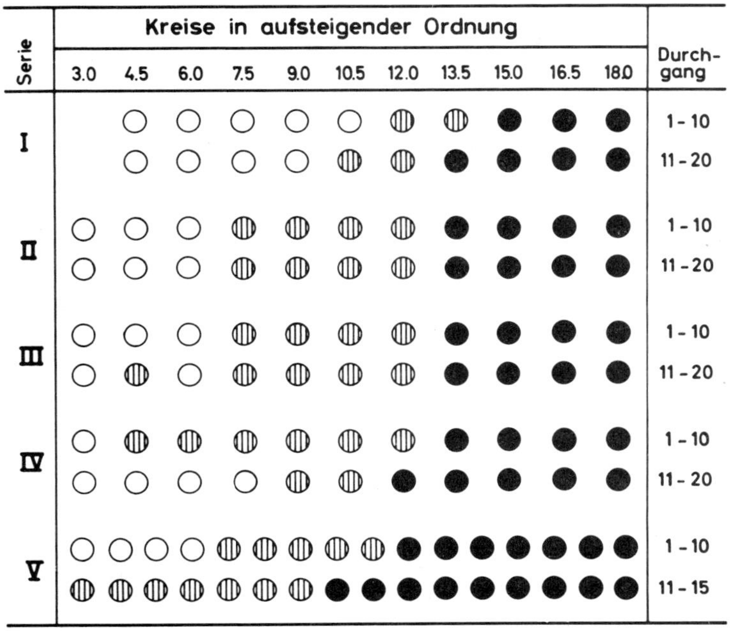

Serie	Kreise in aufsteigender Ordnung											Durch-gang
	3.0	4.5	6.0	7.5	9.0	10.5	12.0	13.5	15.0	16.5	18.0	
I	○	○	○	○	○	◍	◍	●	●	●	●	1 - 10
	○	○	○	○	◍	◍	●	●	●	●		11 - 20
II	○	○	○	◍	◍	◍	◍	●	●	●	●	1 - 10
	○	○	○	◍	◍	◍	◍	●	●	●	●	11 - 20
III	○	○	○	◍	◍	◍	◍	●	●	●	●	1 - 10
	○	◍	○	◍	◍	◍	◍	●	●	●	●	11 - 20
IV	○	◍	◍	◍	◍	◍	◍	●	●	●	●	1 - 10
	○	○	○	○	◍	◍	●	●	●	●		11 - 20
V	○ ○ ○ ○ ◍ ◍ ◍ ◍ ● ● ● ● ● ● ●											1 - 10
	◍ ◍ ◍ ◍ ◍ ◍ ◍ ● ● ● ● ● ● ● ●											11 - 15

Abb. 51: Individuelle Bereichsbildung, Taube 'Gelb', Serie I-V
○ statistisch bedeutsame Entscheidung für 'Klein'
◍ Zuordnung zu 'Groß' und 'Klein'
● statistisch bedeutsame Entscheidung für 'Groß'

(4) Der stetige und gegen eine (andressierte) Bevorzugung des Klein-Bereichs erfolgende Ausbau des Groß-Bereichs spricht für eine Präferenz, die sich trotz der
anfangs höheren Zahl von Belohnungen am Klein-Türchen
durchsetzt.

6.2   Transposition und Konstanz

6.2.1 Zur Bedeutung von Transpositionsleistungen

WITTE (1960) sieht Transposition als ein Schlüsselprinzip, dem grundlegende Bedeutung für Umweltorientierung
und Erkennen zugewiesen werden muß.
Er stellt als entscheidendes Moment dieser Leistung
"... die Erfassung des bei Kovarioation invariant Blei-
benden" (l.c., S. 407) heraus.

Diese Leistung wird dadurch ermöglicht,

"daß wir 1. Gestaltqualitäten in der Anschauung unmittelbar vorfinden und diese 2. mnemisch konservieren... und
diese 'Konserven' 3. mit rezenten Gestaltqualitäten so
in Kommunikation geraten, daß der Prozeß des Wiederer-
kennens in Gang kommen kann." (l. c., S. 408).

WERTHEIMER (1957) setzt die Fähigkeit zur Transposition
als Kriterium einsichtigen Problemlösens an: inwieweit
die wesentlichen Bestimmungsstücke der Situation A_1 er-
faß wurden, läßt sich - unter der Voraussetzung intakter
Hirnfunktionen - über die Bewältigung einer neuartigen,
in der Struktur identischen Situation A_2 prüfen (vgl.
auch KÖHLER 1917, DUNCKER 1935).

Bei Tierversuchen bedient man sich ähnlicher Verfahren,
um die entscheidenden Aspekte der Orientierung heraus-
zublenden (vgl. Kap. 3.4).

Der Gewinn dieser Untersuchungen ist ein doppelter: Neben der Kenntniserweiterung über die kognitiven Leistun-

gen verschiedenster Tierarten kann die phylogenetische
Entwicklung menschlichen Erkenntnisvermögens verfolgt,
können Gemeinsamkeiten und Unterschiede kognitiver Ordnungsstrukturen bei Mensch und Tier herausgestellt werden.

Wie die zusammenfassenden Berichte von KATZ (1948),
BÜHLER (1960), RENSCH (1965, 1973 und THORPE (1969) verdeutlichen, sind Analogien zum menschlichen Transposi-
tionsvermögen bevorzugt in der Fähigkeit zur Bildung
averbaler Begriffe und in verschiedensten Konstanzphäno-
menen zu sehen.

Mit der letzten Versuchsvariation wurde der Frage nachgegangen, ob das durch Dressur erworbene Abhandeln einer
bestimmten Steigerungsreihe so weit verfügbar geworden
ist, daß es auf zweidimensionale Gegebenheiten anderer
Form und auf dreidimensionale Gebilde übertragen werden
kann. Unter Versuchsbedingungen, die zur Transposition
auffordern, sollte geprüft werden, ob das Tier ein Konzept 'Größe' gebildet hat. Außerdem wurde die Abhängigkeit der Zuordnungsleistung von der Raumlage des einzu-
stufenden Körpers untersucht.

6.2.2 Versuchsdurchführung

Die Untersuchung verlief in folgenden Phasen:

(1) Überprüfung der Dressur[1] (3 x 50 Treffer, Trainingsmuster $\emptyset$ 3.0 u. 18.0 cm)

(2) Darbietung quadratischer Flächen (Quadratseit = $\emptyset$;
3.0 u. 18.0 cm)

---

1) Taube 'Gelb' hatte nach der Einstufung von Serie V
   (s. Kap. 6.1) 3 Monate Versuchspause.

(3) Kurze Testserie (3 Durchgänge, Quadrate 3.0 - 18.0 cm
d = 1.5)

(4) Verschiebung der Mannigfaltigkeit auf die Grenzen
Seite a = 2.0 und 8.0 cm.

(5) Kritische Versuche, Serie 2.0 - 8.0 cm, d = 1.0
(3 Durchgänge)

(6) Übertragung auf hellgestrichene Holzwürfel (Kantenlänge 2 cm und 8 cm, 55 Pol-Versuche; s. Abb. 4,5)

(7) Prüfung der Würfelserie 2 cm - 8 cm, d = 1; 20
Testversuche

(8) Zuordnung der Würfel bei zur Musterwand frontal-
paralleler und diagonaler Lage. Durchgänge in Zufallsfolge (acht und acht Testversuche).

(9) Rückübertragung auf Quadratflächen (Serie 2.0 und
8.0 cm; 50 Polversuche).

(10) Übertragung auf würfelfömige Drahtgerüste (s. Abb.
6; 59 Polversuche).

(11) Zuordnung der Serie (16 Testreihen)

(12) Rückübertragung auf quadratische Flächen (Quadratseite 2.0 - 8.0 cm; 50 Polversuche).

(13) Zuordnung der Quadrat-Serie (Quadratseite 2.0 -
8.0 cm, d = 1.0; 8 Durchgänge).
Für sämtliche Polversuche wurde eine Folge von 50 Treffern
als Beherrschungskriterium angesetzt.

6.2.3 Die Befunde

Abb. 52 (a - d) zeigt die Verteilungsstrukturen der
Zuordnungen, in Abb. 53 sind die Anteile der Klein-Zu-
ordnungen pro Testdurchgang dargestellt (Individuelle
Bereichsbildung s. Anhang).
Tabelle 18 informiert über die Fehlerzahlen bei den
einzelnen Übertragungsschritten.

- 159 -

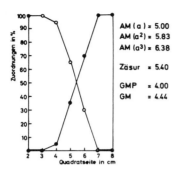

AM (a) = 5.00
AM (a²) = 5.83
AM (a³) = 6.38

Zäsur = 5.40

GMP = 4.00
GM = 4.44

a) Serie: Holzwürfel, frontal
   a = 2-8 cm (d=1.0)

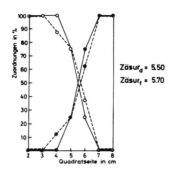

Zäsur$_d$ = 5.50
Zäsur$_f$ = 5.70

b) Serie: Holzwürfel, frontal u.
   diagonal geboten.
   ――――― diagonal (d)
   --------- frontal (f)

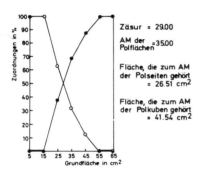

Zäsur = 29.00

AM der
Polflächen = 35.00

Fläche, die zum AM
der Polseiten gehört
= 26.51 cm²

Fläche, die zum AM
der Polkuben gehört
= 41.54 cm²

c) Serie: Drahtwürfel, Fläche
   gleichabständig

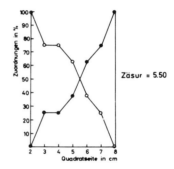

Zäsur = 5.50

d) Serie: Quadrate, a=2-8cm

Abb. 52 (a-d) VERTEILUNGSSTRUKTUR BEI TRANSPOSITION AUF ANDERE MANNIGFALTIGKEITEN,
TAUBE 'GELB'

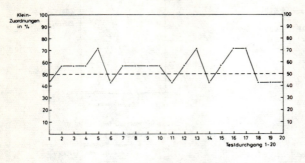

Anteil der Klein-Zuordnungen pro Testdurchgang in %.
Holzwürfel, Serie 2-8 cm³ (d=1)

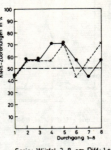

Serie: Würfel 2-8 cm, Diff.: 1 cm

●——● frontal
✕----✕ diagonal

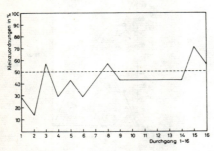

Serie: Drahtwürfel, Fläche gleichabständig

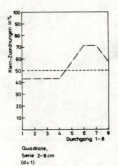

Quadrate,
Serie 2-8 cm
(d=1)

Abb. 53   Anteil der Klein-
(a-d)   Zuordnungen pro
            Testdurchgang in
            %.

Übertragungsschritt

Zahl der Pol-Versuche	Kreisflächen → Quadratflächen	Quadratflächen → Holzwürfel	Holzwürfel → Quadratflächen	Quadratflächen → Drahtgerüste	Drahtgerüste → Quadratflächen
	50	55	50	59	50
Fehler	0	2*	0	3**	0

Tab. 18: Fehlerverteilung für die Übertragungsversuche

* Die falschen Zuordnungen wurden bei der dritten und fünften Darbietung (a = 2 cm !) getroffen.

** Fehlerhafte Wahlen bei erster, zweiter und neunter Darbietung.

Als wesentlicher Ertrag läßt sich herausstellen:

(1) Die Übertragung gelingt mühelos, sofern die Gegebenheiten gleiche Dimensionenzahl aufweisen (Kreise Quadrate).

(2) Sie ist bei Vergrößerung der Dimensionszahl mit Fehlern verbunden und bedarf einer Einübungszeit. Vorerfahrungen mit anderen Materialien führen jedoch zu einer Minimierung des Übungsaufwandes.

Ein versuchsunerfahrenes Tier (Taube 'Blau'), das die Zuordnung von Holzwürfeln erlernte, benötigte zur Erreichung des Lernkriteriums (Sequenz von 10 Treffern[1]) 380 Versuche, Taube 'Gelb' erreichte dieses Kriterium nach 15 Durchgängen (Ersparnis: 96 %).

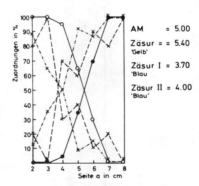

Abb. 54 Verteilungsstruktur der Zuordnungen einer urteilsge-
übten und einer ungeübten
Taube, Serie: Holzwürfel,
2 - 8 cm (d = 1.0)

———— Taube 'Gelb'
- - - - - - Taube 'Blau' (Lernkriterium: 10 Treffer)
—·—·—·— Taube 'Blau' (Lernkriterium: 50 Treffer)

---

1) Dieses niedrige Lernkriterium wurde gewählt, um zu prüfen, inwieweit das sichere Beherrschen der Wahlhandlungen die Zuordnungsverteilung beeinflusst (vgl. Abb. 54).

(3) Nach dem ersten geglückten Dimensionswechsel wird die Rückübertragung fehlerfrei geleistet (Holzwürfel ⟶ Quadratflächen; Drahtgerüste ⟶ Quadratflächen).

(4) Die Zuordnungsverteilungen sind durch stabile Bereiche in Polnähe, einen schmalen Abschnitt der Urteilsunsicherheit und annähernde Symmetrie gekennzeichnet.

Eine Ausnahme bildet die letzte Einstufung der Quadratflächen: die Verteilung ist zwar symmetrisch, weist jedoch einen großen Unsicherheitsbereich auf. Hier gehen allerdings nur acht kritische Versuche ein.

(5) Die Zäsuren lassen sich in guter Annäherung durch das arithmetische Mittel der S e i t e n beschreiben.

(6) Die Einstufung der Holzwürfel ist von ihrer Raumlage unabhängig.

Die einzige nennenswerte Abweichung beruht auf e i - n e r Urteilsvertauschung (Würfel 4 cm^3, acht und acht Versuche).

Die Befunde berechtigen u.E. zu der Annahme, daß Taube 'Gelb' averbale Begriffe von 'groß' und 'klein' gebildet hat, die sie trotz Variationen von Form und Material und Raumlage der Gegebenheiten passend handhaben kann.

Die Lage der Zäsuren weist darauf hin, daß Taube 'Gelb' die einzelnen Glieder der Mannigfaltigkeit nicht nach dem Flächen- oder Rauminhalt, sondern nach der Ausdehnung der gestaltkritischen Dimension (Durchmesser, Seite, Kantenlänge) einstuft; ein Befund, der sich mit entsprechenden Untersuchungsergebnissen bei Menschen deckt:

HRUSCHKA (1959) konnte zeigen, daß sich Erwachsene, die Taschentücher, Christbaumkugeln oder Armbanduhren nach den Kategorien 'groß' und 'klein' zu beurteilen hatten, an der gestaltkritischen Dimension orientierten.

Diese äquivalenten Resultate lassen mit Recht auf Entsprechungen in der phänomenalen Welt schließen, die auf
der - höheren Tieren und Menschen gemeinsamen - Wirksamkeit von Gestaltprinzipien basieren (vgl. KÖHLER 1933,
BÜHLER 1960).

Die Ausgewogenheit der Urteilsverteilungen, an engge-
staffelten aber kleinzahligen Mannigfaltigkeiten gewonnen,
nen, bietet eine gute Bestätigung der Hypothese, daß Dres-
surüberprüfungen, die in relativ kurzen Intervallen
stattfinden, die Zuordnungsleistungen stabilisieren.

6.3 Einübungszeit und Systemstruktur

"Die Struktur eines eindimensionalen "Gebietes" ist voll-
ständig gekennzeichnet durch die Angabe 1. der Lage des
Nullpunktes, von dem aus sich das "Mehr" oder "Weniger",
das "Stärker" oder "Schwächer" der zugehörigen absoluten
Eigenschaften bestimmt, und 2. seiner Maßstabverhältnisse:
der Größe und dem Gesetz seiner Maßeinheit, nach welcher
es sich bestimmt, ob ein Unterschied oder Abstand innerhalb des Gebietes als groß oder klein, eine Veränderung
als stark oder schwach, als schnell oder langsam erlebt
wird." (METZGER 1940, S. 147)

Lage des Nullpunktes und Maßstabverhältnisse sind - über
den Faktor einer hinreichenden Kenntnis aller Glieder
der betreffenden Mannigfaltigkeit - eine Funktion der
Einübungszeit; Umgangserfahrungen bestimmen und verändern die Struktur eines Bezugssystems:

"Die verbreitetste Wirkung umfassenderer Reizmannigfal-
tigkeiten auf das Bezugssystem der zugehörigen Erlebnis-
se oder anschaulichen Gegebenheiten ist die Festlegung
und Verschiebung des Nullpunktes und des Maßstabs in

ein- und mehrdimensionalen Gebieten. Und zwar besteht, anscheinend allgemein, eine Tendenz zur Mittellage des Nullpunkts (HERING 1861-64, 1905; KOFFKA 1932; KLEINT 1940 (149)). Der Durchschnitt einer gleichzeitig nebeneinander oder in kurzem Zeitraum nacheinander ausgebreiteten Mannigfaltigkeit von Varianten einer bestimmten Eigenschaft (Farbe, Größe, Geschwindigkeit, Begabung, Fleiß, Mut...) strebt zu ihrem Nullpunkt zu werden; man findet also Durchschnitt und Nullpunkt einander um so näher, je später man die Mannigfaltigkeit daraufhin prüft; doch führt die Entwicklung in vielen Fällen nie bis zum völligen Zusammenfallen von Durchschnitt und Nullpunkt." (l. c., S. 160)

Die Darstellung der Zäsurlagen als Funktion der Einübungszeit läßt diesen Prozeß deutlich werden (s. Abb. 55 - 59).

Eine vergleichende Sichtung der Befunde führt zu folgenden Annahmen:

(1) Die ersten Zäsurlagen werden durch ein Ungleichgewicht bestimmt, das auf Pol- oder Wegepräferenz beruht (s. Abb. 55, 56).

(2) Zuordnungsungeübte Tauben (s. Abb. 55, 56) bedürfen einer Einübungszeit, die mehr als zehn Seriendarbietungen umfaßt.

(3) Diese Zahl verringert sich in Abhängigkeit von Aufgaben- und Materialvertrautheit (s. Abb. 57, 58).

(4) Eine Annäherung an gleichgroße Kategorialabschnitte wird bei anfänglichem Übergewicht der Klein-Zuordnungen schneller erreicht, die Betonung der Groß-Kategorie schwindet nur langsam (s. Abb. 58).

Hier zeigt sich u.E. eine gleichsinnige Wirkung von Dressurartefakt und Größenpräferenz.

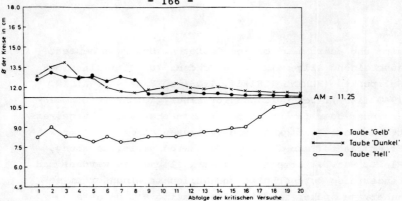

Abb. 55 Lage der individuellen Zäsuren in Abhängigkeit von der Einübungszeit (Serie 4.5 18.0, d = 1.5).

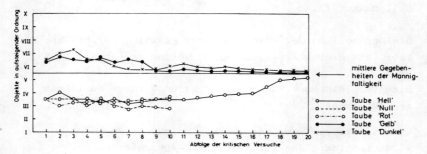

Abb. 56 Lage der individuellen Zäsuren auf einer 10 gliedrigen arithmetisch
abgestuften Steigungsreihe in Abhängigkeit von der Einübungszeit.

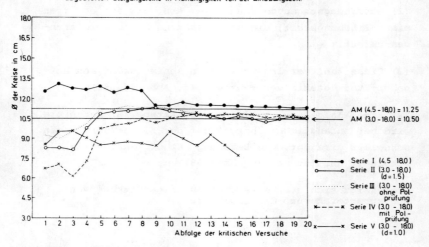

Abb. 57 Lage der Zäsuren in Abhängigkeit von der Einübungszeit,
Taube 'Gelb'

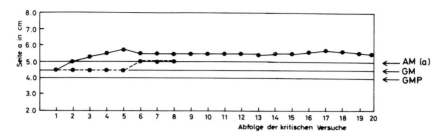

Abb. 58 Lage der Zäsuren in Abhängigkeit von der Einübungszeit. Taube
'Gelb', Transpositionsversuche

——————— Holzwürfel   - - - - - - - - - -Quadrate

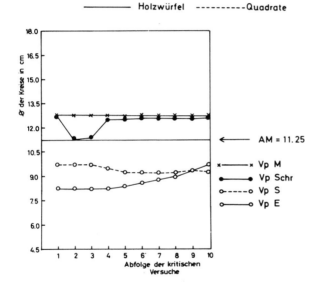

Abb. 59 Lage der individuellen Zäsuren
in Abhängigkeit von der Ein -
übungszeit.

(5) Werden mehrere Serien nacheinander vom gleichen
Tier zugeordnet, so spielt sich die Zäsur der zweiten
Serie zunächst beim arithmetischen Mittel der ersten
Serie ein; erst allmählich paßt sich die Urteilsskala
der neuen (erweiterten) Mannigfaltigkeit an.

Diese Beobachtungen decken sich mit den Befunden
TRESSELTs (1947): auch Menschen legen an eine neue
Seriation von Gegebenheiten die durch frühere Erfahrungen geformte Urteilsskala an. Diese Skala ändert
sich - in Abhängigkeit von der Dauer der vorangegangenen Einübungszeit -, die Skalenmitte beginnt zu os-
zillieren.

(6) Zuordnungserfahrungen (und kleiner Serienumfang?)
führen zu Verteilungsstrukturen, die bereits nach wenigen Darbietungen stabil sind (Abb. 58).

(7) Diese Leistungen sind mit denen Erwachsener (s. Abb.
59) vergleichbar, sofern der Serienumfang außer acht ge-
lassen wird.

In guter Übereinstimmung mit dem Urteilsverhalten menschlicher Erwachsener paßt sich die Taube wechselnden Wahrnehmungssituationen an; die Verteilungsstruktur der Zuordnungen läßt sich als Resultat eines dynamischen Vor-
gangs verstehen.
Die Grenzen dieser Anpassung dürften allerdings enger
gesteckt sein.
Dieser Adaptationsprozeß, dessen Analyse das Kernstück
von HELSONs (1948) Systemtheorie bildet, "kann grund-
sätzlich die unmittelbare Orientiertheit verständlich
machen, deren Aufklärung das Problem der Bezugssysteme
ist" (WITTE, 1966, S. 1019).

6.4 Zusammenfassung

Die durch Bedingungsvariationen induzierten Systemänderungen lassen folgende Abhängigkeiten erkennen:

(1) Die Bildung gleichgroßer Kategorialabschnitte
(WITTE 1960) basiert auf einem ausbalancierten Gleich-
gewicht der Zuordnungsverhaltensweisen.
Dieses Gleichgewicht wird durch

(a) eine hinreichende Absicherung des Dressurerfolges
    (Lernkriterium)
(b) eine in kurzen Intervallen stattfindende Überprüfung
    der Dressur (Poldarbietungen) unterstützt.

(2) Erwartungsgemäß ist die Verteilungsstruktur von der
Einübungszeit abhängig. Dabei sind
(a) spezifische Materialkenntnisse
(b) allgemeine Zuordnungserfahrungen
    bedeutsam.

(3) Feinabstufung und Umfang der Serie beeinflussen
die Zuordnungsleistung gleichsinnig: die Einstufung
vielgliedriger Mannigfaltigkeiten mit schwellennahen
Meßwertintervallen läßt auf maximalen Orientierungsverlust schließen.

(4) Der stetige und gegen eine (andressierte) Bevorzugung des Klein-Bereichs erfolgende Ausbau des Groß-
Bereichs spricht für eine Präferenz, die sich trotz
der anfangs höheren Zahl von Belohnungen am Klein-Türchen durchsetzt.

Als wesentliche Erträge, die indirekte (aber hinreichende) Beweise für eine Systemgenese liefern, sind
herauszustellen:

(1) die Behandlung einer extrapolaren Größe (passende
Veränderung der Zuordnungsverteilung, Einspielung einer
neuen Nullpunktlage).

(2) Transpositions- und Konstanzleistungen.

Die Zuordnungsleistungen unter variierenden Bedingungen
verweisen darüberhinaus

(1) auf Adaptationsprozesse, die sich als Beitrag zu
der von HELSON fokussierten Dynamik von Bezugssystemen
auffassen lassen;

(2) auf die Wirksamkeit von - höheren Tieren und Men-
schen gemeinsamen - Prinzipien der Gestalterfassung
(Orientierung an der gestaltkritischen Dimension der
Wahrnehmungsdinge).

Literaturverzeichnis

Angermeier, W.F.: Kontrolle des Verhaltens. Das Lernen am Erfolg. Springer-Verlag, Berlin-Heidelberg-New York, 1972

Arndt, W.: Abschließende Versuche zur Frage des 'Zähl'-Vermögens der Haustaube. Z. f. Tierps., 1939, 3, S. 38 - 142

Aschoff, J.: Der biologische Tag. Mitt. aus der Max-Planck-Ges. zur Förderung der Wiss., Heft 6, 1959, S. 381 - 392

Barnett, S.A.: A study in behavior. London 1963

Barnett, S.A.: Instinkt und Intelligenz. Rätsel des tierischen und menschlichen Verhaltens. Lübbe, Bergisch Gladbach, 1968

Beach, F.A.: Hormones and Behavior. Hoeber, New York 1948

Becker-Carus, Ch.: Die Bedeutung der Tageszeit für Sensibilität, Reizsättigung und Entscheidungsaktivität bei Planarien. Z. f. Tierps., 1970, 27, 7 - 49

Beer, Th., Bethe, A. und Uexküll, J.v.: Vorschläge zu einer objektivierenden Nomenklatur in der Physiologie des Nervensystems. Biol. Centralbl., 1899, Bd. XIX

Bertalanffy, L.v.: Zur Geschichte theoretischer Modelle in der Biologie. Stud. Gen., 1965, 18, 290 - 298

Bertalanffy, L.v.:... Aber vom Menschen wissen wir nichts Dtsch. Ausgabe von 'Robots, Men and Minds', 1967, Econ, Düsseldorf 1970

Bierens de Haan, J.A.: Die tierpsychologische Forschung, ihre Ziele und Wege. Leipzig 1935

Bittermann, M. and Wodinsky, J.: Simultaneous and successive discrimination. Psychol. Rev., 1953, 60, 371 - 376

Blough, D.S.: Generalization and preference on a stimulus intensity continuum. J. exp. Anal. Behav., 1959, 2, 307 - 317

Blough, D.S. and Blough, P. McBride: Experiments in
     Psychology, Holt, Rinehart and Winston, New York
     1964

Blough, D.S.: Definitions and Measurement in Generaliza-
     tion Research. In: Mostofsky, D. (Ed.) Stimulus gene-
     ralization. Stanford: Stanford Univ. Press, 1965,
     S. 30 - 37

Blough, D.S.: The Study of Animal Sensory Processes by
     Operant Methods. In: Honig, W.K. (Ed.): Operant Be-
     havior, Areas of Research and Application. Appleton -
     Century - Crofts, New York 1966

Bräuer, K.: Die Entwicklung von Bezugssystemen von der
     späten Kindheit an über Vorpubertät und Pubertät zum
     Erwachsenenalter. Phil. Diss., Münster 1971

Breland, K. und Breland, M.: The misbehavior of organismus
     Amer. Psychol., 1961, 16, 681 - 684

Brown, J.S.: Gradient of approach and avoidance responses
     and their relation to level of motivation. J. Comp.
     physiol. Psychol., 41, 450 - 465

Brown, J.S.: Generalization and Discrimination.
     In: Mostofsky, D.J. (Ed.): Stimulus Generalization.
     Stanford, Stanford Univ. Press, 1965, S. 7 - 23

Brown, R.G.B.: Seed selection by Pigeons. Beh. 34, 1969,
     115 - 131

Brückner, G.H.: Untersuchungen zur Tiersoziologie, ins-
     besondere zur Auflösung der Familie. Z.f. Psychol.
     1933, 128

Bruner, J.S.: Going beyond the information given.
     In: Contemporary approaches to cognition. Cambridge,
     Havard Univ. Press, 1957, 41 - 69

Bühler, K.: Das Gestaltprinzip im Leben des Menschen und
     der Tiere. Enzyklopädie d. Psychol. in Einzeldarstel-
     lungen, Bd. 5, Huber, Bern 1960

Castrup, J.-L.: Unterschiedschwellen für die optische
     Flächenwahrnehmung bei Tauben. Unveröff. Zulassungs-
     arbeit zur Vorprüfung für Diplom-Psychologen,
     Münster 1970

Catania, Ch. A.: Concurrent Operants. In: Honig, W.K.
(Ed.): Operant Behavior. Areas of Research and Application. Appleton-Century-Crofts, New York, 1966

Craig, W.: Appetites and Aversions as Constituents of
Instincts Biol. Bull. Woods Hole, 1918, 34,
91 - 107

Dahl, F.: Vergleichende Psychologie oder die Lehre von dem
Seelenleben der Menschen und der Tiere. Fischer,
Jena 1922

Darwin, Ch.: Die Entstehung der Arten durch natürliche
Zuchtwahl. (1859) Dtsch. Ausgabe: Stuttgart 1963

Darwin, Ch.: The Expression of Emotions in Man and Animals
London 1872

Darwin, Ch.: The formation of vegetable mould through the
action of worms with observations on their habits
London 1881

Dembowski, J.: Tierpsychologie. Akademie-Verlag, Berlin
1955

Dembowski, J.: Psychologie der Affen. Akademie-Verlag,
Berlin 1956

Diebschlag, E.: Psychologische Beobachtungen über die
Randordnung der Haustaube. Z. f. Tierps., 1940, 4,
162 - 187

Dorsch, F.: Psychologisches Wörterbuch. Meiner, Hamburg/
Huber, Bern, 1963[7]

Dücker, G.: Spontane Bevorzugung arteigener Farben bei
Vögeln. Z. f. Tierps., 1963, 20, 43 - 65

Duncker, K.: Zur Psychologie des produktiven Denkens.
Berlin 1935

Eibl-Eibesfeld, I.: Grundriß der vergleichenden Verhaltens-
forschung-Ethologie. Piper, München 1967

Eibl-Eibesfeld, I.: Der vorprogrammierte Mensch.
Molden, Wien 1973

Eysenck, H.-J. u. Rachman, S.: Neurosen-Ursachen und Heil-
methoden. VEB, Deutscher Verlag d. Wiss., Berlin 1967

Fischel, W.: Methoden der tierpsychologischen Forschung nebst Anleitung zu einem tierpsychologischen Praktikum. Bonn 1953

Fischel, W.: Die höheren Leistungen der Wirbeltier-Gehirne. Barth, Leipzig, 1956[2]

Fischer-Fröndhoff, M.: Kategorialdifferenzierung bei Kleinkindern. Diss., Münster 1971

Flugel, J.C.: Probleme und Ergebnisse der Psychologie-Hundertjahre psychologische Forschung. Deutsche Übersetzung, Klett Stuttgart, 1948

Foppa, K.: Lernen, Gedächtnis, Verhalten. Ergebnisse und Probleme der Lernpsychologie. Kiepenheuer & Witsch, 1965

Gibson, E.J. and Walk, R.D.: The effect of prolonged exporsure to visually presented patterns on learning to discriminate them. J. comp. physiol. Psychol., 1956, 49, 239 - 242

Gilbert, R.M. and Sutherland, N.S. (Eds.): Animal Discrimination Learning. Acad. Press, London, New York, 1969

Goss, A.E. and Wischner, G.J.: Vicarious trial and error and related behavior. Psychol. Bull., 1956, 53, 35 - 54

Grice, G.R.: The acquisition of a visual discrimination habit following response to a single stimulus. J. exp. Psychol., 1948, 38, 633 - 642

Grice, G. R.: Visual discrimination learning with simultaneous and successive presentation of stimuli. J. comp. physiol. Psychol., 1949, 42, 365 - 373

Grice, G.R. and Saltz, E.: The generalization of an instrumental response to stimuli varying in the size dimension. J. exp. Psychol., 1950, 40, 702 - 708

Grice, G. R.: The acquisition of a visual discrimination habit following extinction of response to one stimulus. J. comp. physiol. Psychol., 1951, 44, 149 - 153

Großmann, K.: Behavioral differences between rabbits and
    cats. J. Genet. Psychol., 1967, 111, 171 - 182
Großmann, K. u. Großmann, Kl.E.: Frühe Reizung und frühe
    Erfahrung: Forschung und Kritik, Ps. Rdsch., 1969,
    XX, 3, 173 - 198
Gundlach, R.H.: The visual acuity of homing pigeons.
    J. comp. physiol. Psychol., 1933, 16, 327 - 342
Hamilton, W.E. and Colemann, T.B.: Trichromatic vision
    in the pigeon as illustrated by the spectral hue
    discrimination curve. J. comp. physiol. Psychol.,
    1933, 15, 183 - 193
Hamilton, W.F. and Goldstein, J.L.: Visual acuity and
    accomodation in the pigeon. J. comp. physiol. Psychol.,
    1933, 15, 193 - 196
Harlow, H.F.: The Formation of Learning Sets. Psych.
    Bull., 1949, 56, 51 - 65
Harlow, H.F.: The nature of love. Amer. Psychol. 1958,
    13, 673 - 685
Harlow, H.F.: The heterosexual affectional system in
    monkeys. Amer. Psychol. 1962, 17, 1 - 9
Hehlmann, W.: Geschichte der Psychologie. Kröner, Stutt-
    gart 1963
Heinemann, E.G. and Rudolph, R.L.: The effect of discri-
    minative training on the gradient of stimulus gene-
    ralization. Amer. J. Psychol., 1963
Heinroth, O. und Heinroth, M.: Die Vögel Mitteleuropas.
    Bd. I, 1924 - 1928
Heinroth, O. und Heinroth, K.: Verhaltensweisen der Fel-
    sentaube. Z. f. Tierps., 1949, 6, 153 - 201
Heller, O.: Experimenteller Beitrag zum Problem absoluter
    Eigenschaften gleichzeitig gegebener eindimensionaler
    Mannigfaltigkeiten. Diss., Tübingen 1959
Helson, H.: Adaptation-level as a basis for a quantitative
    theory of frame of reference. Psychol. Rev., 1948, 55,
    297 - 313

Helson, H. and Takashi, K.: Effects of Duration of Series
and Anchor-Stimuli on Judgments of Perceived Size.
Amer. J. Psychol., 1968, 81, 291 - 302

Hermann, G.: Beiträge zur Physiologie des Rattenauges.
Z. f. Tierps, 1958, 15, 462 - 518

Herre, W.: Domestikation und Stammesgeschichte
In: Heberer, G. (Hsg.): Die Evolution der Organismen,
Fischer 1959

Hertwig, R.: Lehrbuch der Zoologie. Fischer, Jena 1907

Hess, E.H.: Natural preferences of chicks and ducklings
for objects of different colors. Psychol. Rev.,
1956, 2, 477 - 483

Hess, E.: Imprinting, an Effect of early Experience
Science, 1959, 130, 133 - 141

Hess, W.R.: Die Formatio reticularis des Hirnstammes im
verhaltensphysiologischen Aspekt
Arch. Psychiatr. Nerv., 1957, 196, 329 - 336

Hilgard, E.R. and Bower, G.H.: Theories of Learning.
New York, Appleton-Century-Crofts, 1948
dtsch: Theorien des Lernens I, 1971

Hobhouse, M.: Mind in Evolution. London 1915

Hofmann, S.: Unterschiedsschwellen in der optischen
Flächenwahrnehmung bei Tauben. Unveröff. Zulassungsarbeit zur Vorprüfung f. Diplom-Psychologen, Münster
1969

Hofstätter, P.R.: Psychologie. Fischer-Lexikon, Bd. 6,
1957

Holland, J.G. and Skinner, B.F.: Analyse des Verhaltens.
Urban u. Schwarzenberg, 1971

Holst, E.v. und Saint-Paul, U.v.: Vom Wirkungsgefüge der
Triebe. Die Naturwiss., 1960, 18, 409 - 422

Honig, W.K.: Prediction of preference, transposition,
and transposition-reversal from the generalization
gradient. J. exp. Psychol., 1962, 4, 239 - 248

Honig, W.K.: Discrimination, Generalization and Transfer
on the Basis of Stimulus Differences. In: Mostofsky:
Stimulus Generalization, 1965

Honig, W.K. (Ed.): Operant Behavior. Areas of Research
and Application. Appleton-Century-Crofts, New York
1966

Honig, W.K.: Attentional Factors Governing the Slope
of the Generalization Gradient. In: Gilbert, R.M.
and Sutherland, N.S.: Animal Discrimination Learning.
Acad. Press 1969

Hopp, M.-L.: Sozialer Rang und Lernleistung bei Tauben.
Unveröff. Zulassungsarbeit zur Vorprüfung f. Diplom-
Psychologen, Münster 1971

Hull, C.L. and Spence, K.W.: "Correction" versus "Non-
Correction" method of trial-and error-learning in
rats. J. comp. physiol. Psychol., 1938, 25, 127 - 145

Hull, C.L.: Principles of Behavior. New York 1943

Hull, C.L.: The problem of primary stimulus generalization.
Psychol. Rev., 1947, 54, 120 - 134

Hull, C.L.: Stimulus intensity dynamism (V) and stimulus
generalization. Psychol. Rev., 1949, 56, 67 - 76

Hruschka, E.: Experimentelle Untersuchung zur Struktur
von eindimensionalen Bezugssystemen. Diss., Tübingen
1959

Jenkins, H.M. and Harrison, R.H.: Effect of discrimination
training on auditory generalization. J. Exp. Psychol.,
1960, 59, 246 - 253

Johnson, D.M. and Mullally, C.R.: Correlation- and regres-
sion model for category judgments. Psych. Rev., 1969,
76, 205 - 215

Juhre, F.: Die Rassen der Haustauben. Lehrmeister-Bücherei
Nr. 726, Minden 1970

Kaminski, G.: Ordnungsstrukturen und Ordnungsprozesse.
In: Bergius, R. (Hrsg.): Lernen und Denken. Hdb. d.
Ps., Bd. I, 2, Hogrefe, Göttingen 1964

Kantor, J.R.: The Scientific Evolution of Psychology.
    Vol. II, Principia Press, Chicago 1969
Katz, D.: Mensch und Tier. Studien zur vergleichenden
    Psychologie. Conzett u. Huber, Zürich 1948
Katz, D. und Révész, G.: Experimentell-psychologische
    Untersuchungen mit Hühnern. Z. f. Psychol., 1907,
    50, 93 - 116
Kinnaman, A.J.: Mental life of two Maccacus rhesus
    monkeys in captivity. Amer. J. Psychol., 1902, 13,
    175 - 218
Klüver, H.: Behavior mechanism in monkeys. Univ. Chicago
    Press, 1933
Köhler, W.: Aus der Anthropoidenstation auf Teneriffa.
    II. Optische Untersuchungen am Schimpansen und am
    Haushuhn. Abh. der Kgl. Preuß. Akad. d. Wiss.,
    Jhg. 1915, Nr. 3
Köhler, W.: Die Farbe der Sehdinge beim Schimpansen und
    Haushuhn. Z. f. Psychol., 1917, 77, 248 - 255
Köhler, W.: Intelligenzprüfungen an Anthropoiden I.
    Abh. d. Preuss. Akad. der Wiss., 1917 Nachdruck in:
Köhler, W.: Intelligenzprüfungen am Menschenaffen. Sprin-
    ger, Berlin, Heidelberg, Göttingen 1963[3]
Köhler, W.: Zur Psychologie des Schimpasen. Psychol.
    Forsch., 1922, 1, 2 - 46
Köhler, W.: Psychologische Probleme. Springer, Berlin
    1933
Koehler, O.: Können Tauben "zählen"? Z. f. Tierps.,
    1937, 1, S. 39 - 48
Koehler, O.: Vom Erlernen unbenannter Anzahlen.
    Naturw. 1941, 29, 82 - 113
Koehler, O.: Sprache und unbenanntes Denken. In: L'in-
    stinct dans le comportement des Animeaux et de
    L'Homme. Paris, 1956
Koenig, O.: Kultur und Verhaltensforschung. Einführung
    in die Kulturethologie. dtv. 1970

Koffka, K.: Die Grundlagen der psychischen Entwicklung
Osterwick 1925

Koller, G.: Hormonale und psychische Steuerung beim
Nestbau weißer Mäuse
Zool. Anz. Suppl. 19, 123 - 132

Lashley, K.S.: The color vision of birds. J. Anim. Beh.,
1916, 1 - 26

Lashley, K.S.: Brain Mechanisms and Intelligence. A
quantitative study of injuries of the brain.
Univ. Press, Chicago 1929

Lashley, K.S. and Wade, M.: The Pavlovian theory of
generalization. Psych. Rev., 1946, 53, 72 - 87

Lemke-Pischke, H.: Die Auswirkung verschieden langer
Andressurzeiten auf das Generalisationsvermögen bei
Wellensittichen. Z. f. Tierps., 1970, 27, 850 - 872

Lehrman, D.S.: A Critique of Konrad Lorenz Theory of In-
stictive Behavior
Quart. Rev. Biol. 28, 1953

Lehrman, D.S.: On the organization of maternal behavior
and the problem of instinct (1954). In: Grassé, P.-P.:
L'instinct, Paris 1956

Lehrman, D.S.: Semantische und begriffliche Fragen beim
Natur-Dressur Problem (1970). Dtsch. Übers. in:
Roth, G. (Hsg.): Kritik der Verhaltensforschung,
Beck 1974

Lehrman, D.S.: Behavioral science, engeneering and poetry
In: The Biopsychology of Development, Acad. Press,
New York u. London, 1971. Dtsch. in: Wickler u. Seibt
(Hsg): Vergleichende Verhaltensforschung, Hoffmann
u. Campe 1973

Leontjew, A.N.: Probleme der Entwicklung des Psychischen
Fischer Athenäum 1973

Lewin, K.: Vorsatz, Wille und Bedürfnis. Berlin 1926

Lewin, K.: Die psychologische Situation bei Lohn und
Strafe. Leipzig 1931

Lewin, K.: Feldtheorie in den Sozialwissenschaften.
Huber, Bern, 1963

Leyhausen, P.: Über die Funktion der relativen Stimmungshierarchie (dargestellt am Beispiel der phylogenetischen und ontogenetischen Entwicklung des Beutefangs
von Raubtieren) Z. Tierpsychol., 1965, 22,
412 - 494

Lloyd Morgan,: Introduction to comparative psychology.
London 1894

Loeb, J.: Einleitung in die Vergleichende Gehirnphysilo-
gie und Vergleichende Psychologie. Mit besonderer Berücksichtigung der Wirbellosen Thiere.
Barth, Leipzig 1899

Lorenz, K.: Betrachtungen über das Erkennen der arteigenen Triebhandlungen der Vögel. Journ. f. Ornith.,
1932, 80, 1

Lorenz, K.: Der Kumpan in der Umwelt des Vogels.
J. f. Ornithologie, 1935, 83, 2

Lorenz, K.: Über die Bildung des Instinktbegriffes.
Die Naturwiss., 1937, 25, 19

Lorenz, K.: Taxis und Instinkthandlungen in der Eiroll-
bewegung der Graugans. Z. f. Tierps., 1938, 2, 1

Lorenz, K.: Vergleichende Bewegungsstudien an Anatinen.
J. f. Ornithologie, 1941, 79 (Sonderheft)

Lorenz, K.: Ganzheit und Teil in der tierischen und menschlichen Gemeinschaft. Stud. Gen., 1950, 3, 9

Lorenz, K.: Psychologie und Stammesgeschichte. In: Heberer
Psychologie und Stammesgeschichte, Jena 1954[2]

Lorenz, K.: Phylogenetische Anpassung und adaptive Modi-
fikation des Verhaltens, Z. f. Tierps., 1961, 18,
139 - 187

Die genannten Beiträge sind gesammelt in:

Lorenz, K.: Über tierisches und menschliches Verhalten.
Aus dem Werdegang der Verhaltenslehre
Ges. Abh.:, Bd. I und II. Piper, München, 1965 und
1966

Lorenz, K.: Die instinktiven Grundlagen der menschlichen
Kultur. Die Naturwiss., 1967, 54, 377 - 388

Lorenz, K. u. Leyhausen, P.: Antriebe tierischen und menschlichen Verhaltens. Ges. Abh., Piper, München 1968

Mandler, J.M.: Behavior changes during overtraining and
the effects on reversal and transfer. Psychol.
Monograph., 1966, 1, 187 - 202

Mandler, J.M.: Overtraining and transfer. J. comp. physiol.
Psychol., 1968, 66, 110 - 115

Mandler, J.M. and Hooper, W.R.: Overtraining and goal-
approach strategies in discrimination reversal. Quart.
J. exp. Psychol., 1967, 19, 142 - 149

Marold, E.: Versuche an Wellensittichen zur Frage des
"Zähl"-Vermögens. Z. f. Tierps., 1939, 3, 170 - 223

McCaslin, E.F.: Successive and simultaneous discrimination as a function of stimulus similarity.
Amer. J. Psychol., 1954, 67, 308 - 314

Metzger, W.: Psychologie. Die Entwicklung ihrer Grundan-
nahmen seit der Einführung des Experiments. Stein-
kopf, Darmstadt, 1940

Metzger, W.: Das Experiment in der Psychologie. Stud.
Gen., 5. Jahrg., 3, 1952, 142 - 163

Metzger, W.: Über Modellvorstellungen in der Psychologie.
Stud. Gen., 1965, 18, 346 - 352

Metzger, W.: Der Ort der Wahrnehmungslehre im Aufbau der
Psychologie. In: W. Metzger (Hrsg.): Wahrnehmung und
Bewußtsein. Hdb. d. Ps., Bd. I, 1, Hogrefe, Göttingen,
1966

Michels, K.M.: Response latency as a function of the
amount of reinforcement. Brit. J. anim. Beh., 1957,
5, 50 - 52

Migler, B. and Millenson, J.R.: Analysis of Response
Rates During Stimulus Generalization. J. Exp. Anal.
Beh., 1969, 12, 81 - 87

Miller, N.E.: Experimental studies in conflict. In:
Hunt, J. McV. (Ed.): Personality and the behavior
disorders, 431 - 465, New York 1944

Mittag, H.-D.: Über personale Bedingungen des Gedächt-
nisses für Handlungen. Z. f. Psychol., 1955, 158,
40 - 120

Mittenecker, E.: Planung und statistische Auswertung von
Experimenten. Wien, 1963[4]

Morton, R.C.: "Handling" und "gentling" bei Labortieren.
In: Fox, M.W. (Ed.): Abnormal behavior in animals.
Saunders, London 1968

Morse, W.H. and Skinner, B.F.: Some factors involved in
the stimulus control of operant behavior. J. exp.
Anal. Behav., 1958, 1, 103 - 107

Mostofsky, D.J. (Ed.): Stimulus Generalization. Stanford
Univ. Press, 1965

Muenzinger, K.F.: Vicarious trial and error at a point
of choice: I. A general survey of its relation to
learning efficiency. J. genet. Psychol., 1938, 53,
75 - 86

Muenzinger, K.F.: On the origin and early use of the
term vicarious trial and error (VTE). Psych. Bull.,
1956, 53, 493 - 494

Münter, W.: Taubenzucht und Taubenschläge. Einführung in
die Rassetaubenzucht. Minden 1970

Munn, N.L.: An apparatus for testing visual discrimination
in animals. J. genet. Psychol., 1931, 39, 342 - 358

Murphy, J. V. and Miller, R.E.: Spatial contiguity of cue,
reward, and response in discrimination learning by
children. J. exp. Psychol., 1959, 58, 485 - 489

Müller, K.: Denken und Lernen als Organisieren. In:
Bergius, R. (Hrsg.): Lernen und Denken. Hdb. d. Ps.,
Bd. I, 2, Hogrefe, Göttingen, 1964

Neumann, Ch. P. and Klopfer, P.H.: Cage size and discrimination tests in birds: a methodological caution.
Beh., 1969, 34, 132 - 137

Nicolai, J.: Tauben: Haltung, Zucht, Arten. Kosmos Bücherei
Nr. 3613 K

Parducci, A.: Category judment: A range-frequency model.
Psychol. Rev., 1965, 72, 407 - 18

Pawlow, I. P.: Zwanzigjährige Erfahrungen mit dem objektiven Studium der höheren Nerventätigkeit der Tiere. Petrograd 1923, Deutsche Ausgabe, Berlin 1953

Patti, F. A., jr. und Stavsky, W. H.: Die Struktur-Funktion und das Geschwindigkeitsunterscheidungsvermögen des Huhns. Psych. Forsch. 1932, S. 166 - 170

Peckham and Peckham: Oberservations on sexual selection in sniders of the family Attidue. Occ. Pap. Nat. Hist. Soc. of Wisconsin, Milwaukee 1889

Peters, H.M.: Zum Problem des "angeborenen Schemas". (Nach Versuchen an jungen Silbermöwen.) Psych. Forsch., 1953, S. 175 - 193

Philip, B. R.: The Weber-Fechner-Law and the Discrimination of Color Mass. J. exp. Psychol., 1941, 29, 323 - 333

Philip, B.R.: Generalization and central tendency in the discrimination of a series of stimuli. Canad. J. Psychol., 1947, 1, 196 - 204

Piaget, J.: Psychologie der Intelligenz. Zürich u. Stuttgart 1947[3]

Pfungst, O.: Das Pferd des Herrn von Osten. Leipzig 1907

Pongratz, L.J.: Problemgeschichte der Psychologie. Francke, Bern und München 1967

Rambo, W.W. and Johnson, E.L.: Practice effects and the estimation of adaptation-level. Am. J. Psych., 1964, 77, 106 - 110

Rensch, B.: Malversuche mit Affen. Z. f. Tierps., 1961, 18, 347 - 364

Rensch, B.: Biologie 2 (Zoologie). Fischer-Lexikon, Bd. 28, 1963

Rensch, B.: Probleme der Psychogenese. Simposio Internat. de Zoofilogenia, 51 - 61, Salamanca (Fac de Ciencias), 1969 a)

Rensch, B.: Aesthetische Grundprinzipien bei Mensch und
Tier. In: Altner, G. (Hrsg.): Kreatur Mensch, Moos,
1969

Rensch, B.: Die stammesgeschichtliche Entwicklung der
Hirnleistungen. n + m, 1970, 32, 23 - 31

Rensch, B.: Homo sapiens, vom Tier zum Halbgott.
Vandenhoek und Ruprecht, 1970[3]

Rensch, B.: Biophilosophy. Col. Univ. Press, New York,
London 1971

Rensch, B.: Gedächtnis, Begriffsbildung und Planhandlungen
bei Tieren. Parex, Berlin und Hamburg 1973

Rensch, B. u. Altevogt, R.: Visuelles Lernvermögen eines
indischen Elefanten. Z. f. Tierps., 1953, 10, 119 -
134

Rensch, B. u. Dücker, G.: Versuche über visuelle Generalisation bei einer Schleichkatze. Z. f. Tierps., 1959,
16, 671 - 692

Restorff, H. v.: Über die Wirkung von Bereichsbildung im
Spurenfeld. Psych. Forsch., 1933, 18, 299 - 342

Risley, T.: Generalization gradients following two-
response discrimination training. J. exp. Anal. Beh.,
1964, 7, 199 - 204

Röcker, D.: Sprachfreie Kategorisierung bei Kleinkindern.
Exp. Beitrag zur Genese von Bezugssystemen, Diss.,
Tübingen 1965

Romanes, J.: Die geistige Entwicklung im Tierreich. Nebst
einer nachgelassenen Arbeit 'über den Instinkt' von
Ch. Darwin. Autorisierte Deutsche Ausgabe, Leipzig
1900 (?)

Rosenthal, R. and Fode, K.L.: The effects of experimentar
bias on the performance of the albino rat. Beh. Sc.,
1963, 8, 183 - 189

Rosenthal, R. and Lawson, R.: A longitudinal study of the
effects of experimenter bias on the operant learning
of laboratory rats. J. Psychiat. Research, 1964,
2, 61 - 72

Roth, G. (Hrsg.): Kritik der Verhaltensforschung.
   C.H. Beck, München 1974

Rothschuh, K.E.: Geschichte der Physiologie.
   Springer, Berlin 1953

Russel, B.: An outline of philosophie. London 1927

Sarris, V.: Wahrnehmung und Urteil. Hogrefe, Göttingen,
   1971

Schjelderup-Ebbe, Th.: Beiträge zur Sozialpsychologie des
   Haushuhns. Z. f. Psychol., 1922, 88

Schmidt, H.-D.: Allgemeine Entwicklungspsychologie. VEB
   Deutscher Verlag der Wissenschaften, Berlin 1970

Schneirla, T.C.: Interrelationship of the "Innate" and
   the "Acquired" in Instinctive Behavior. (1954) In:
   Grassé, P. P. (Hrsg.): L'Instinct dans le Comportement
   des Animaux, Paris, 1956, 387 - 452

Schulte, E.H.: Unterschiede im Lern- und Abstraktionsver-
   mögen bei binokular und monokular sehenden Hühnern.
   Z. f. Tierps., 1970, S. 946 - 970

Sherif, M., Taub, D. and Hovland, C. J.: Assimilation and
   contrast effects of anchoring stimuli on judgments.
   J. exp. Psychol., 1958, 55, 150 - 155

Skinner, B. F.: Operant Behavior. In: Honig, W. K. (Ed.):
   Operant Behavior. Areas of Research and Application,
   1966

Spalding, D.A.: Instinct with Original Obersevations on
   Young Animals. Nature 1873
   (Neudruck: Brit. J. Anim. Beh., 1954, 2, 1 - 11)

Spalding, D.A.: Instinct and Acquisition. Nature, 1875,
   12, 507 - 508

Spence, K.W.: The differential response in animals to
   stimuli varying within a single dimension. Psych.
   Rev., 1937, 44, 430 - 444

Steinzen, M.: Beobachtungen an weiblichen Taubengemein-
   schaften unter besonderer Berücksichtigung der Verhaltensbesonderheiten bei der Rangentstehung und in
   Lernsituationen. Unveröff . Zulassungsarbeit zur Vorprüfung für Diplom-Psychologen, Münster 1971

Tembrock, G.: Grundlagen der Tierpsychologie. Academie-
Verlag, Berlin 1963

Tembrock, G.: Verhaltensforschung. Fischer, Jena, 1964

Terrace, H.S.: Stimulus Control. In: Honig, W.K. (l.c.)

Thomae, H.: Pawlow und die amerikanische Psychologie.
Psg. Rdsch., 1954, 5

Thomae, H.: Behaviorismus und Verhaltensforschung.
Psg. Rdsch., 1955, 6

Thomae, H.: Entwicklungsbegriff und Entwicklungstheorie.
In: Thomae, H. (Hrsg.): Entwicklungspsychologie.
Hdb. d. Ps., Bd. 3, Hogrefe, Göttigen, 1959

Thorndike, E.L.: Animal Intelligence. An Experimental Study
of the Associative Process in Animal. Psychol. Rev.
Mon., Suppl. 1898, 2, 4

Thorpe, W.H.: Der Mensch in der Evolution. Naturwissenschaft und Religion. München 1969

Timaeus, E. u. Schwebcke, A.: Die Leistungen des 'klugen
Hans' und ihre Folgen: Ein experimenteller Beitrag
zur Psychologie der Versuchsperson. Z. Sozialps.,
1970, 1, 237 - 252

Tinbergen, N.: Instinktlehre. Vergleichende Erforschung
angeborenen Verhaltens. Parey, Berlin 1952

Tinbergen, N.: Ethologie (1969). Dtsch. Übersetzung in
Roth, G. (Hsg.): Kritik der Verhaltensforschung,
Beck, 1974

Tinbergen, N. u. Kuenen, D.: Über die auslösenden und die
richtungsgebenden Reizsituationen der Sperrbewegungen
von jungen Drosseln. Z. f. Tierpsychol., 1939, 3,
37 - 60

Tinbergen, N, u. Perdeck, A.C.: On the stimulus situation
releasing the begging response in the newly hatched
Herring Gull duck. Beh., 1950, 3, 1 - 38

Tolman, E.C. and Minium, E.: VTE in Rats: Overlearning
and difficulty of Discrimination. J. comp. physiol.
Psychol., 1942, 34, S. 301 - 306

Tresselt, M.E.: The influence of amont of practice upon
the formation of a scale of judgment. J. exp. Psychol.,
1947, 37, 251 - 260

Uexküll, J. v.: Umwelt und Innenwelt der Tiere.
Berlin, 1909, 1921

Uexküll, J. v.: Theoretische Biologie.
Springer, Berlin, 1920

Warden, C.J. and Rowley, J.B.: The Discrimination of
Absolute Versus Relative Brightness in The Ring
Dove. J. comp. Psychol., 1929, 9, S. 317 - 337

Watson, J.B.: Psychology as the Behaviorist views it
Psychol. Rev. 1913, 20

Watson, R.: The Great Psychologistes-From Aristotle to
Freud Lippincott Comp., New York 1963

Wendler, G.: Über einige Modelle in der Biologie.
Stud. Gen., 1965, 18, 290 - 298

Werner, H.: Einführung in die Entwicklungspsychologie.
München 1959[3]

Wertheimer, M.: Produktives Denken. Ffm. 1957

Winkelmann, R.: Experimentelle Studie zur Genese von
Bezugssystemen. Z. exp. angew. Psychol., 1961, VII

Winkelmann, R.: Über Systemstabilität und Systemgenese.
Psychol. Beitr., 1966, IX

Witte, W.: Zur Geschichte des psychologischen Ganzheits-
und Gestaltbegriffs. Stud. Gen. 1952, 5

Witte, W.: Zur Struktur von Bezugssystemen. In: A. Wellek
(Hrsg.): Ber. 20. Kongr. DGfP, Berlin 1955, S. 137 -
139

Witte, W.: Struktur, Dynamik und Genese von Bezugssystemen.
Psychol. Beitr. 1960, 4

Witte, W.: Über Phänomenskalen. Psych. Beitr. 1960, 4

Witte, W.: Transposition als Schlüsselprinzip.
In: Weinhandl, F.: Gestalthaftes Sehen, Darmstadt
1960

Witte, W.: A mathematical model of reference systems and some implications for category scales. Acta Psychol., 1961, 19, 378 - 382

Witte, W.: Vergleichende Psychologie. Vorlesungsskript WS 1964/1965

Witte, W.: Das Problem der Bezugssysteme. In: Metzger, W. (Hrsg.): Wahrnehmung und Bewußtsein. Hdb. d. Psychol. I, 1, Hogrefe, Göttingen 1966

Witte, W.: Geschichte der Psychologie. Vorlesungsnachschrift SS 1967

Witte, W.: Die Funktion psychischer Bezugssysteme. Unveröff. Referat, gehalten auf einer Arbeitstagung des Psychol. Institutes, Münster 1969

Witte, W.: Zur Analyse der Absolutbeurteilung sportlicher Leistungen. Z. exp. angew. Psychol., 1971, 18

Witte, W.: Bericht über die im letzten Vierteljahrhundert von meinen Arbeitskreisen in Heidelberg, Tübingen und Münster durchgeführten Untersuchungen. Hektographiert, Münster 1971

Witte, W.: Untersuchungen zur Behinderung des Denkens durch Anschauung. Psychol. Beitr. 1974, 16, 2, 277 - 287

Wünschmann, A.: Quantitative Untersuchungen zum Neugierverhalten von Wirbeltieren. Z. f. Tierps., 1963, 20, 80 - 109

Yerkes, R.M.: The mental life in monkeys and apes. Beh. Mon., 3, 1916

Zeier, H.: Über sequentielles Lernen bei Tauben mit spezieller Berücksichtigung des "Zähl"-Verhaltens. Z. f. Tierps., 1966, 23, 161 - 189

Zeier, H.: Das Lernen von Sequenzen visueller Zweifachwahlen mit Hilfe auditiver Rückmeldungen. Z. f. Tierps., 1967, 24, 201 - 207

Zeier, H. u. Akert, K.: Einfluß von Läsionen und elektrischer Reizung im Telencephalon der Taube auf Optimierungsverhalten und Umlernen. Z. f. Tierps., 1969, 26, 866 - 874

Zoeke, B.: Untersuchungen zum relativen Urteil bei Tauben. Unveröff. Daten, Münster 1970

Zuckermann, S.: Social life of Monkeys and Apes.
New York 1932

Zurth, E.: Die Welt der Tauben. Reutlingen 1966

ANHANG

Durchgang	Ø der Kreise in cm 3.0	4.5	6.0	7.5	9.0	10.5	12.0	13.5	15.0	16.5	18.0
1	K	K	K	K	G	G	G	G	G	G	G
2	K	K	K	K	G	G	G	G	G	G	G
3	K	K	K	G	K	K	G	G	G	G	G
4	K	K	K	K	K	K	K	G	G	G	G
5	K	K	K	K	K	K	G	K	G	G	G
6	K	K	K	K	K	K	G	G	G	G	G
7	K	K	K	K	K	K	G	G	G	G	G
8	K	K	K	G	K	K	K	G	G	G	G
9	K	K	K	K	G	K	G	G	G	G	G
10	K	K	K	G	G	G	G	G	G	G	G
11	K	K	K	G	K	G	G	G	G	G	G
12	K	K	K	K	K	G	G	G	G	G	G
13	K	K	K	G	G	G	G	G	G	G	G
14	K	K	K	G	G	G	G	G	G	G	G
15	K	K	K	K	K	K	K	G	G	G	G
16	K	K	K	K	K	G	G	G	G	G	G
17	K	K	K	K	K	G	K	G	G	G	G
18	K	K	K	K	K	K	MG	K	G	G	G
19	K	K	K	K	K	K	K	G	G	G	G
20	K	K	K	K	G	G	G	G	G	G	G

Individuelle Bereichsbildung

Serie II: 3.0 - 18.0, d = 1.5   Taube 'Gelb'

K = Zuordnungen zur Klein-Tür
G = Zuordnungen zur Groß-Tür
M = Wahl der mittleren Tür

Durchgang	Ø der Kreise in cm 3.0	4.5	6.0	7.5	9.0	10.5	12.0	13.5	15.0	16.5	18.0
1	K	K	K	G	G	K	G	G	G	G	G
2	K	K	K	K	G	G	G	G	G	G	G
3	K	K	K	K	K	K	G	G	G	G	G
4	K	K	K	K	K	K	K	G	G	G	G
5	K	K	K	K	K	K	G	G	G	G	G
6	K	K	K	K	K	K	G	G	G	G	G
7	K	K	K	K	K	K	K	G	G	G	G
8	K	K	K	K	K	G	G	G	G	G	G
9	K	K	K	G	G	K	G	G	G	G	G
10	K	K	K	K	K	G	K	G	G	G	G
11	K	K	K	K	G	G	G	G	G	G	G
12	K	G	K	G	G	G	G	G	G	G	G
13	K	K	K	G	K	G	K	G	G	G	G
14	K	K	K	K	K	K	G	G	G	G	G
15	K	K	K	K	K	K	G	G	G	G	G
16	K	K	G	K	K	G	G	G	G	G	G
17	K	K	K	K	K	K	K	G	K	G	G
18	K	K	K	K	K	G	G	K	G	G	G
19	K	G	K	K	K	G	G	G	G	G	G
20	K	G	K	K	G	G	G	G	G	G	G

Individuelle Bereichsbildung

Serie III: 3.0 – 18.0, d = 1.5   Taube 'Gelb'
            ohne Pol-Überprüfung

K = Zuordnung zur Klein-Tür
G = Zuordnung zur Groß-Tür

Durchgang	Ø der Kreise in cm										
	3.0	4.5	6.0	7.5	9.0	10.5	12.0	13.5	15.0	16.5	18.0
1	K	G	K	G	K	G	G	G	G	G	G
2	K	K	K	K	G	G	G	G	G	G	G
3	G	G	K	K	K	K	G	K	G	G	G
4	K	K	K	K	K	G	K	G	G	G	G
5	K	K	K	K	K	G	G	G	G	G	G
6	K	K	K	G	K	K	K	G	G	G	G
7	K	K	K	K	G	K	G	G	G	G	G
8	K	K	G	K	MK	K	G	G	G	G	G
9	K	K	K	K	K	G	G	G	G	G	G
10	K	K	G	K	K	K	G	G	G	G	G
11	K	K	K	K	K	K	G	G	G	G	G
12	K	K	K	K	G	K	K	G	G	G	G
13	K	K	K	K	K	G	G	G	G	G	G
14	K	K	K	K	K	K	G	G	G	G	G
15	K	K	K	K	K	K	G	G	G	G	G
16	K	K	K	K	K	G	G	G	G	G	G
17	K	G	K	K	G	G	G	G	G	G	G
18	K	K	K	K	K	K	G	G	G	G	G
19	K	K	G	K	K	G	G	G	G	G	G
20	K	K	K	G	K	G	G	G	G	G	G

Individuelle Bereichsbildung

Serie IV: 3.0 - 18.0, d = 1.5   Taube 'Gelb'
          mit Polüberprüfung vor jedem Muster

K = Zuordnungen zur Klein-Tür
G = Zuordnungen zur Groß-Tür
M = Wahl der mittleren Tür

Durchgang	Ø der Kreise in cm															
	3	4	5	6	7	8	9	10	11	12	13	14	15	16	17	18
1	K	K	K	K	K	G	K	G	G	G	G	G	G	G	G	G
2	K	K	K	K	K	K	G	K	K	G	G	G	G	G	G	G
3	K	K	K	K	K	G	K	G	K	G	G	G	G	G	G	G
4	K	K	K	K	G	K	K	G	G	G	G	G	G	G	G	G
5	K	K	K	K	G	G	G	K	G	G	G	G	G	G	G	G
6	K	K	K	K	G	G	G	K	G	G	G	G	G	G	G	G
7	K	G	K	G	K	K	K	K	G	G	G	G	G	G	G	G
8	K	K	K	K	K	G	K	G	K	K	G	G	G	G	G	G
9	K	K	MK	K	K	G	K	G	G	G	G	G	G	G	G	G
10	K	K	K	K	K	K	G	K	G	G	G	G	G	G	K	G
11	K	K	G	G	G	K	G	G	G	G	G	G	G	G	G	G
12	K	K	K	G	G	K	G	G	G	G	G	G	G	G	G	G
13	K	K	K	G	K	K	K	G	G	G	G	G	G	G	G	G
14	K	K	G	K	K	G	G	G	G	G	G	G	G	G	G	G
15	G	G	G	G	G	G	G	G	G	G	G	G	G	G	G	G

Individuelle Bereichsbildung

Serie V: 3.0 – 18.0, d = 1.0   Taube 'Gelb'

K = Zuordnungen zur Klein-Tür
G = Zuordnungen zur Groß-Tür
M = Wahl der mittleren Tür

Durchgang	Kantenlänge der Würfel in cm						
	2	3	4	5	6	7	8
1	K	K	K	G	G	G	G
2	K	K	K	K	G	G	G
3	K	K	K	K	G	G	G
4	K	K	K	K	K	G	G
5	K	K	K	K	K	G	G
6	K	K	K	G	G	G	G
7	K	K	K	K	G	G	G
8	K	K	K	K	G	G	G
9	K	K	K	K	G	G	G
10	K	K	K	G	K	G	G
11	K	K	G	K	G	G	G
12	K	K	K	K	G	G	G
13	K	K	K	K	K	G	G
14	K	K	K	G	G	G	G
15	K	K	K	K	G	G	G
16	K	K	K	K	K	G	G
17	K	K	K	K	K	G	G
18	K	K	K	G	G	G	G
19	K	K	K	G	G	G	G
20	K	K	K	G	G	G	G

Individuelle Bereichsbildung   Taube 'Gelb'

Holzwürfel, a = 2 - 8 cm, d = 1.0

K = Zuordnungen zur Klein-Tür

G = Zuordnungen zur Groß-Tür

Transpositionsversuche

Durchgang	Kantenlänge der Würfel in cm						
	2.25	3.88	5.00	5.92	6.71	7.42	8.07
1	K	K	G	G	G	G	G
2	G	K	G	G	G	G	G
3	K	K	K	K	G	G	G
4	K	K	G	G	G	G	G
5	K	K	K	G	G	G	G
6	K	K	G	G	G	G	G
7	K	K	K	G	G	G	G
8	K	K	K	G	K	G	G
9	K	K	G	K	G	G	G
10	K	K	K	G	G	G	G
11	K	K	K	G	G	G	G
12	K	K	K	G	G	G	G
13	K	K	G	K	G	G	G
14	K	K	K	G	G	G	G
15	K	K	K	K	K	G	G
16	K	K	K	K	G	G	G

Individuelle Bereichsbildung   Taube 'Gelb'

Würfelförmige Drahtgerüste
Grundfläche gleichmäßig gestaffelt, d = 10

K = Zuordnungen zur Klein-Tür
G = Zuordnungen zur Groß-Tür

Transpositionsversuche

Durchgang	Quadratseite in cm						
	2	3	4	5	6	7	8
1	K	K	K	K	G	G	G
2	K	K	K	K	G	G	G
3	K	K	K	G	K	G	G
4	K	K	K	G	G	G	G
5	K	K	K	K	G	K	G
6	K	G	K	G	K	K	G
7	K	K	K	K	G	G	G
8	K	K	K	K	G	G	G

Individuelle Bereichsbildung   Taube 'Gelb'

Quadrate, a = 2 - 8 cm, d = 1

K = Zuordnungen zur Klein-Tür

G = Zuordnungen zur Groß-Tür

Transpositionsversuche

Durchgang	Kantenlänge der Würfel in cm						
	2	3	4	5	6	7	8
1	K	K	K	G	K	G	G
2	K	K	K	K	K	G	G
3	K	K	K	K	G	G	G
4	K	K	K	K	G	G	G
5	K	K	K	K	G	G	G
6	K	K	K	G	K	G	G
7	K	K	G	K	G	G	G
8	K	K	K	K	G	G	G

Individuelle Bereichsbildung   Taube 'Gelb'

Holzwürfel, frontal
a = 2 - 8 cm, d = 1

K = Zuordnungen zur Klein-Tür
G = Zuordnungen zur Groß-Tür

Konstanzversuche

Durchgang	Kantenlänge der Würfel in cm						
	2	3	4	5	6	7	8
1	K	K	K	G	G	G	G
2	K	K	K	K	G	G	G
3	K	K	K	K	G	G	G
4	K	K	K	K	G	G	G
5	K	K	K	K	K	G	G
6	K	K	K	G	G	G	G
7	K	K	K	K	G	G	G
8	K	K	K	K	K	G	G

Individuelle Bereichsbildung   Taube 'Gelb'

Holzwürfel, diagonal
a = 2 - 8 cm, d = 1

K = Zuordnungen zur Klein-Tür
G = Zuordnungen zur Groß-Tür

Konstanzversuche

Protokollbogen

Datum: 20.2.1971
Versuchsabschnitt: 3

Tier	Versuchstag	Versuch-Nr.	Mustergröße (Ø od. Quadratseite)	Pickort	Zuordnungszeit (sec)	Öffnungszeit (sec)	Verhalten
'Hell'	5	180	4.5	rl	3.48	0.035	VTE (Kopf hin u. her)
		181	4.5	rl	3.20	0.040	
		182	4.5	l	3.21	0.038	Läuft erst zum falschen Türchen, ohne zu picken, dann richtig
		183	4.5	l	3.02	0.028	
		184	18.0	r	3.10	0.030	VTE (Kopf hin und her)

Muster eines Protokollbogens